"十四五"普通高等教育部委级规划教材
"互联网+"新形态一体化精品教材

U0747583

# 智能产品服务系统设计

ZHINENG CHANPIN FUWU XITONG SHEJI

吴春茂　王轩／编著

中国纺织出版社有限公司

# 内 容 提 要

本书基于智能技术与产品服务系统设计方面的学科交叉，介绍了智能产品服务系统设计的相关概念、方法路径以及实践案例。基础理论部分梳理了智能产品服务系统的发展过程、概念界定和类型细分，设计实践部分系统讲解了智能产品服务系统的设计流程与方法工具，强调了量化评估和迭代呈现在设计方案优化中的重要性；案例分析部分展示并分析了智能产品服务系统设计在智能时尚、智能文创、智能出行和智能健康等热点主题下的实践案例。

本书将智能产品服务系统设计领域的方法理论和设计实践有机结合，可为从事智能产品服务设计相关专业师生、学者、设计师及其他从业人员提供实践经验与知识来源。

## 图书在版编目（CIP）数据

智能产品服务系统设计 / 吴春茂，王轩编著.
北京：中国纺织出版社有限公司，2025.9. -- （"十四五"普通高等教育部委级规划教材）. -- ISBN 978-7-5229-2536-3

Ⅰ. TB21
中国国家版本馆 CIP 数据核字第 2025G96J88 号

责任编辑：施 琦　特约编辑：谢冰雁　责任校对：高 涵
责任印制：王艳丽

中国纺织出版社有限公司出版发行
地址：北京市朝阳区百子湾东里 A407 号楼　邮政编码：100124
销售电话：010—67004422　传真：010—87155801
http://www.c-textilep.com
中国纺织出版社天猫旗舰店
官方微博 http://weibo.com/2119887771
北京通天印刷有限责任公司印刷　各地新华书店经销
2025 年 9 月第 1 版第 1 次印刷
开本：889×1194　1/16　印张：10.5
字数：225 千字　定价：69.80 元

智能产品服务系统设计，开启数智美好新未来。

# 序言

我们正置身于人类文明史上最具颠覆性的技术变革浪潮之中。人工智能算法以指数级速度进化，物联网编织起万物互联的智能网络，大数据构建出虚实交融的数字孪生世界。这种技术聚变不仅重塑着产业形态与社会结构，更催生出全新的设计哲学与方法体系。当智能产品突破硬件载体的物理边界，当服务系统跨越人机协作的感知鸿沟，传统设计学科正经历着从对象设计到系统设计、从功能交付到价值共创的范式转移。在此背景下，《智能产品服务系统设计》的出版恰逢其时，为这场设计革命提供了兼具理论深度与实践价值的系统化指南。

智能产品服务系统的本质是技术逻辑与人文价值的动态平衡。本书以独特的跨学科视角，将智能技术解构为服务创新的催化剂而非目的本身。在基础理论部分，作者没有停留在技术参数的机械堆砌，而是深入剖析了从"产品智能化"到"服务系统化"的演进规律。通过梳理智能产品服务系统的类型谱系（如数据驱动型、场景响应型、生态共生型等），揭示了不同技术路径与用户价值的关系图谱。这种理论建构既避免了技术决定论的狭隘，又超越了用户体验的表象观察，为设计实践奠定了坚实的认知框架。

方法论创新是本书最重要的贡献。传统设计流程在智能技术冲击下面临着"工具失效"与"方法失焦"的双重困境。作者创造性地解析了"三维迭代设计模型"：在纵向维度构建"需求洞察—技术适配—价值验证"的闭环流程，在横向维度整合"服务触点—数据链路—决策节点"的拓扑网络，在动态维度形成"原型测试—量化评估—系统进化"的迭代机制。这种立体化方法论既继承了服务设计的全链路思维，又创新性地引入了机器学习中的强化学习理念，使设计过程真正具备自适应的进化能力。

实践案例的深度剖析彰显了理论方法的现实力量。书中选取的四大场景（智能时尚、文创、出行、健康）恰好覆盖了当前技术应用的战略要地。以"影响驱动型智能健康系统"为例，作者没有止步于可穿戴设备的常规分析，而是构建了"生理监测—行为干预—社区支持"的三层服务体系。通过引入强化学习算法，系统能根据用户健康数据的动态变化，自动优化运动建议、营养方案甚至社交激励策略。这种案例解析既展示了技术集成的复杂性，也验证了"人本智能"设计原则的可行性。

作为深耕设计教育多年的学者，作者在教学改革中对于"双螺旋培养模式"的解析和应用尤其值得关注。这种模式将技术认知（智能算法、传感器原理、数据处理）与设计素养（服务蓝图、体验地图、系统思维）进行基因重组，通过"技术工作坊 + 服务创新实验室"的混合式教学，培养出既懂技术语言又具创新思维的新时代设计师。

在智能化浪潮席卷全球的今天，中国设计师正面临着从"技术追随"到"范式引领"的历史机遇。该教材的独特价值在于，它既没有陷入技术乌托邦的盲目乐观，也未固守人文主义的保守立场，而是以严谨的学术态度构建起技术与人性的对话平台。当读者翻阅第五章那些充满创新火花的案例时，能清晰感受到——真正的智能服务系统不是冰冷的机器矩阵，而是有温度的价值网络；不是取代人类的替代方案，而是增强能力的赋能平台。

该教材的问世凝聚着作者十余年的研究积淀。从早期物联网产品的单点突破，到中期服务系统的模式创新，再到当下智能生态的全面构建，每一个研究阶段都留下了扎实的学术足迹。特别值得称道的是，教材中所有案例均来自真实的商业实践与教学项目，这种"研究—实践—教学"的良性循环，使得理论建构始终保持着鲜活的生命力。正如作者在第四章强调的量化评估体系所揭示的——优秀的设计方法论必须经得起数据验证与市场检验。

　　站在智能时代的门槛上回望，产品设计学科正在经历凤凰涅槃般的重生。当我们告别"造型至上"的传统教条，当服务触点突破物理媒介的限制，当系统思维取代单品思维，《智能产品服务系统设计》适时地揭示了设计范式的迁移。该教材既是对过往经验的系统总结，更是面向未来的创新展望，提醒着我们：在技术狂飙的时代，设计师最珍贵的品质不是对新工具的追逐，而是对人性需求的永恒洞察；不是对复杂系统的简单崇拜，而是对服务本质的深刻理解。

　　期待这本书能成为智能产品服务设计领域的里程碑之作，为学术界和产业界架起知识转化的桥梁，为设计教育提供范式改革的蓝本，更为所有致力于智能时代创新的探索者带来思想启迪与实践指引。在这个充满不确定性的变革时代，让我们以本书为舟，共同驶向智能设计的星辰大海。

东华大学　服装与艺术设计学院　产品设计系

教授、博士生导师

吴　翔

2025 惊蛰时节

# 前言

我们正置身于人类文明演进的范式转型中，由人工智能、数据智能与泛在互联技术构建的智能革命浪潮，已然成为重构社会运行体系的底层驱动力。这不仅推动着产业形态数字化跃迁，更催生出人机协同、虚实交融的新型社会图景。这种范式重构深刻重塑了人类的价值创造方式与生活体验维度。作为智能时代的建构者与见证者，我们需要以跨学科的认知框架解构这场系统性变革，通过持续的知识更新与实践探索，以创新思维构建具有可持续生命力的智能产品服务生态系统。

产品设计专业教学同样经历着前所未有的变革与创新，这使传统专业课程教学必然要作出正面回应。智能产品服务系统设计作为一个跨学科交叉领域的探索，融合了产品设计、服务设计、系统设计、信息技术等多个领域的知识和理念。它不仅关注产品本体的造型、色彩、材料、结构、工艺、功能等系统设计问题，还关注产品服务系统的流程、模式、方法、策略的设计实践问题，更要注重智能技术驱动下的产品服务系统设计范式转移。近年来，在"产品系统设计"课程教学改革中，作者团队已将数字智能技术导入课程中，探索了智能技术对用户情感、产品服务、环境营建的影响机制，以培养数智时代的产品创新设计专业人才。

本教材以全面而系统的内容打开了一扇通往智能产品服务系统设计的大门：第1章，介绍了智能产品服务系统的设计起源、设计现状、设计趋势。第2章，介绍了智能产品服务系统设计概念界定与系统类型，涵盖了智能产品、数字化服务、智能产品服务系统的相关概念、具体类型与特征。第3章，对相关前沿设计流程、研究方法、设计工具进行介绍，涉及了从用户需求分析到系统架构设计、从交互设计到服务设计的各个环节。设计流程包括了双钻石模型设计流程、虹鱼模型设计流程等，研究方法包括了定性方法、定量方法、实验研究等，设计工具包括了用户体验地图、价值主张画布等。第4章，介绍了相关评估方法与迭代呈现。评估方法涉及多准则决策、标准化可用性评估问卷等，迭代呈现部分介绍了文本生成式AI模型——ChatGPT、图像生成式AI模型——Midjourney和Stable Diffusion的设计应用。第5章，通过对多感官驱动智能时尚产品服务系统设计、意义驱动智能文创产品服务系统设计、共享驱动智能出行产品服务系统设计、影响驱动智能健康产品服务系统设计四个案例的项目经验分享，清晰介绍如何将理论和方法应用到实践设计过程中，从而创造出具有创新价值的智能产品服务。

学生学习本教材不仅能获得关于智能产品服务系统设计的专业知识和技能，更能够培养其创新思维方式与设计理念。在全面智能化时代，创新是企业和产品的核心竞争力，而本教材将为读者提供思路和方法，帮助他们在智能产品服务系统设计的领域中不断探索和创新。本教材可作为产品设计、服务设计、体验设计等相关专业的研究生、本科生教学用书，也可作为相关从业人员在智能产品服务系统设计之路上的指南与参考。

本教材选题及内容源于近年来作者的学术研究、教学思考及实践总结，同时结合了目前国内外相关学者的前沿理论知识与优秀设计案例，在此向他们的辛勤付出和卓越贡献表示衷心感谢。由于作者能力所限，书中必定有不当之处，恳请各位专家、同行批评指正。

东华大学　服装与艺术设计学院　产品设计系

教授、博士生导师

吴春茂

# 目录

## 1

## 2

## 3

# 4

# 5

1

# 第1章

# 概述

扫码查看本章
教学安排

# 1.1 智能产品服务系统设计起源

随着知识经济时代的到来和互联网信息技术的飞速发展，许多行业与过去相比不再具有技术性优势，产品不能简单地通过新技术、新功能、新外观来获得附加价值。同时，信息和通信技术（Information and Communications Technology, ICT）使数字化转型（即数字化）成为可能，物理产品可以很容易地数字化到虚拟空间中，并保持无缝互联。越来越多的行业开始向智能化、网络化、数字化转型，各行各业开始更多地采用服务业务模式，即不仅提供实体产品，还提供服务作为解决方案包，以满足用户的个性需求。这种数字化和服务化的融合，被广泛称为"数字服务化"，并且已经引发了一种新兴的由信息技术驱动的业务范式，即智能产品服务系统（Smart Product-Service System, SPSS）。

智能产品服务系统着眼于整体服务系统，通过协调各利益相关方和优化服务流程，为企业发展提供了新的思路，带来了更好的用户体验。在此背景下，大量低成本、高性能的智能互联产品（Smart Connected Product, SCP）被引入并进一步作为工具和媒介来提供按需的数字化服务。智能产品和数字化服务共同构成了定制化的解决方案集合，并最终在智能互联上下文［或情境（Context）］中交付给利益相关者。

智能产品服务系统是产品服务系统与智能化和数字化技术结合的产物，自20世纪90年代末首次提出产品服务系统的概念以来，在信息技术的驱动下，产品服务系统的演进过程主要可以分为三个阶段（图1-1）。

## 1.1.1 基于互联网的产品服务系统

在信息时代，人们日益增长的需求跟短缺的资源供给之间的矛盾越来越尖锐，促使经济模式发生转变，现代工业设计的核心从产品造型设计转向提供集成产品和服务的综合解决方案。这意味着产品的效益和价值不仅体现在硬件产品，还慢慢地朝着硬件产品和软件服务相结合的方向发展，在越来越多的"外力"作用下实现产品创新。用户更多地关注产品带来的服务和体验；设计师需要了解用户的使用和情感需求，统筹有形的产品和无形的服务。同时，越来越多制造商愈发关注产品全生命周期的视角，从产品开发扩展至产品的使用过程、维护升级、配件市场等。

产品服务系统可以帮助企业实现资源优化配置并推动社会可持续发展。因此，全球制造企业越来越依赖于产品服务，并将其作为重要的竞争手段。产品服务系统（Product-Service System, PSS）是一种企业在销售产品同时提供销售服务的商业模式，可以帮助企业实现资源优化配置和社会可持续发展。产品服务系统的概念于20世纪90年代提出，戈德库普（Goedkoop）等认为产品服务系统是一个包含产品、服务、网络、支持设施的系统。产品服务系统从宏观系统层面出发，将可见的产品实体与不可见的服务进行深度链接，不但能满足用户需求，而且相比传统的商业模式具有较低的环境影响。

传统产品服务系统受益于互联网的广泛使用，遵循互联网环境下产品和服务组合的基本原则，在这个阶段，信息技术（Information Technology, IT）驱动的产品服务系统主要关注数据和信息的传输，而较少考虑数字化和智能化。最典型的例子是将手机作为产品，将数据漫游功能作为附加服务的集成。

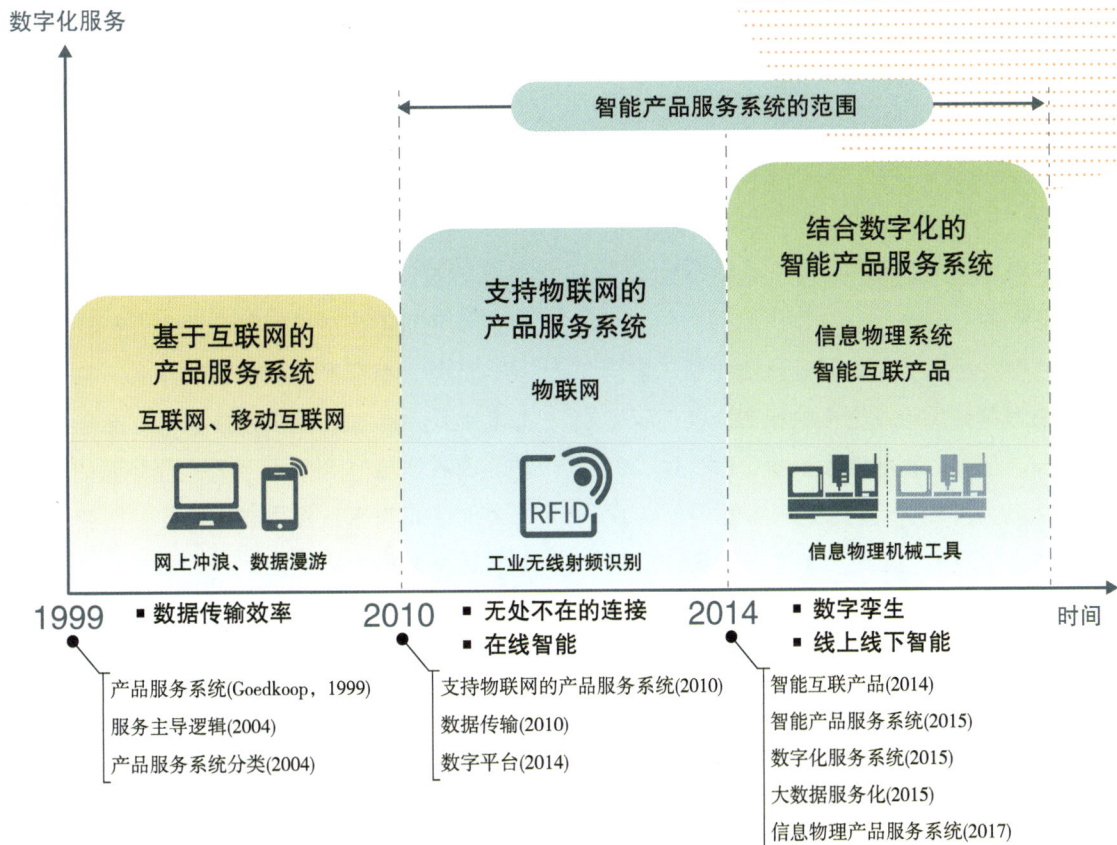

图 1-1　产品服务系统演进阶段

## 1.1.2　支持物联网的产品服务系统

物联网（Internet of Things, IoT）是一种由传感和智能组件支持的基于互联网服务的相对较新的、颠覆性的计算机范式，应用物联网的机器、空间和参与者可以通过广泛部署的空间分布设备相互连接，这些设备配备了无线传感器网络和射频识别，具有嵌入式识别、感知和驱动功能以及记忆、通信和提供服务的能力。物联网是推动数字化转型的关键技术，物联网改变了企业运营、创造、交付产品与服务方式，其相关技术和智能组件使企业能开发新型商业模式。在该模式中，企业创造、交付和获取价值的机制基于一组可销售的产品和服务，与提供产品所有权不同，这些产品和服务主要通过销售功能来共同满足用户需求。

这种新型的商业模式被定义为支持物联网的产品服务系统（Internet of Things – Product-Service System, IOT-PSS），它利用智能传感器和设备，云计算和新一代电信网络来监视、控制和优化业务活动，为利益相关者获取和交付价值。在此背景下，支持物联网的产品服务系统专注于销售有形产品和无形产品的集成捆绑式服务，以数字化方式满足个性化用户需求。此外，物联网作为一种技术平台，可以利用基于信息技术的模块化交互功能和数字技术来组织企业业务。

对于支持物联网的产品服务系统，数据在车辆、建筑物、传感器等联网设备之间收集和交换。所有这些设备都与传感器、执行器和射频识别等真实的"物体"进行交互，便于以高度的智能合作实现物联网中的共同目的。因此，在这一阶段，支持物联网的产品服务系统主要关注的不仅是像基于互联网的产品服务系统那样有效地提供数据或信息，而且要同时考虑组合在线信息处理能力和模块化服务（云服务），以实现数字化和服务化相结合的目的。

### 1.1.3　结合数字化的智能产品服务系统

随着物联网技术的成熟发展和数字化转型，出现了一种新的产品服务系统范式，即智能产品服务系统。在工业 4.0 时代，数字技术通过加速提供集成产品和服务来创造新价值并发展与用户的关系，从而鼓励制造公司数字化转型。数字化和服务化的融合为智能产品服务系统提供了发展基础。

智能产品服务系统的概念由瓦伦西亚（Valencia）等人于 2014 年首先提出，智能产品服务系统是一个集成智能产品、数字化服务以及各种利益相关者和相关平台的多学科系统。其中，"智能"意味着产品服务系统基于来自互联网的智能产品和服务的数据，具备了生成和升级设备功能的能力。与传统的产品服务系统相比，它强调了高度自治、实时反应、情境感知、高连通性、个性化程度和价值共同创造等特点。

因此，在这个阶段，尽管支持物联网的产品服务系统实现了无处不在的连接和在线智能，但网络空间和物理空间应该同时考虑实现智能产品服务系统。此外，智能产品服务系统作为一种不断演进、价值共创的系统，需要用户参与产品全生命周期，特别是在产品使用阶段。由于使用场景的频繁变化，智能产品服务系统提供商也需要根据使用情况的变化来不断发展产品服务包。

本节追溯了智能产品服务系统的起源和发展过程，从传统的产品服务系统到物联网产品服务系统，最终演变为如今的智能产品服务系统。数字化和服务化趋势是相辅相成的，工业 4.0 的兴起对产品服务系统的研究产生了重大影响。由此产生的智能产品服务系统设计利用数字化趋势随附的数字技术来提供新功能，以可持续的方式满足用户的个性化需求。作为利用先进信息技术的新兴课题，智能产品服务系统具备了定制化、个性化、可持续增长、服务参与等特征。通过使用智能产品服务系统，企业可以从其带来的业务战略中受益，用户可以享受其个性化的定制解决方案，并获得更好的用户体验。与传统的产品服务系统相比，智能产品服务系统具有明显的竞争优势、极高的现实意义和良好的应用前景。

# 1.2　智能产品服务系统设计现状

## 1.2.1　技术创新现状

在技术创新方面，数字化技术与产品服务系统相结合，产品服务系统研究领域的发展遵循两个主要方向，如图 1-2 所示：①设计内容的演变，即从传统的产品服务系统转向智能产品服务系统；②设计产品服务系统所采用的方法，从传统的设计方法向智能化方法演变。

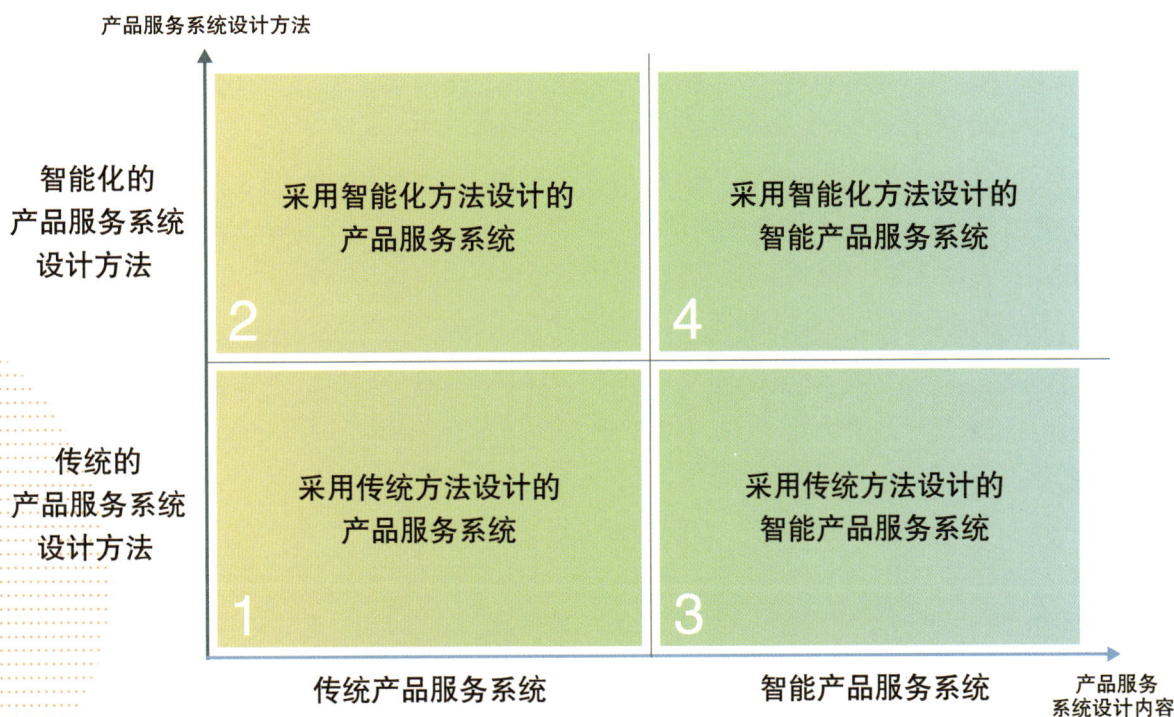

图 1-2　智能产品服务系统技术类型演变

在设计内容的演变上，产品服务系统商业模式的相关研究初步将传统的产品服务系统设计与数字化技术联系起来，这种模式主要通过射频识别和大数据等智能技术提供服务。2014 年，瓦伦西亚等对智能产品服务系统的定义使智能产品服务系统的概念首先被用于产品服务系统设计范围。而智能产品服务系统作为产品服务系统设计中广泛使用的术语可以最早追溯到 2018 年。在 2018 年之前，产品服务系统设计中广泛使用了其他术语，例如产品服务系统 4.0 和信息物理产品服务系统。

在产品服务系统的设计方法上，大多数为智能产品服务系统设计而开发和使用的设计方法及工具仍然是传统的。这些方法通常侧重于定义产品服务系统的需求或者直接采用面向传统产品的设计方法，尤其是传统和广泛使用的决策支持系统或设计方法，例如多准则决策工具、质量功能展开法、发明问题解决理论等，缺乏实质性的调整修改。故在目前智能产品服务系统的智能设计方法相关研究中，主要侧重于从早期设计阶段开始更好地了解用户需求，将通过物联网系统获得的产品使用信息作为产品服务系统设计的推动因素。在这一方向上，乔德里（Chowdhery）和贝托尼（Bertoni）等多位学者还研究了如何有效使用机器学习和人工智能等技术来支持产品服务系统设计，侧重在设计的早期阶段收集和整合用户反馈。此外，由于数智化技术赋予了系统实时交互的能力，采用仿真作为支持决策的工具在不断发展。目前，仿真已被用于支持所有产品服务系统组件的设计：产品、服务、基础设施和网络。由于仿真技术的发展和实时数据的可用性，产品服务系统背景下的数字孪生概念也成为当下的一种重要研究方向。作为一种充分利用模型、数据、智能并集成多学科的技术，数字孪生面向产品全生命周期过程，发挥连接物理世界和信息世界的桥梁和纽带作用，能提供更加实时、高效、智能的服务。

## 1.2.2　发展政策和战略应用

在发展政策方面，基于物联网等新一代信息技术的发展，智能服务化成为全球制造业发展的大趋势。为巩固在全球制造业中的地位，抢占制造业发展的先机，各个国家积极向智能化服务型制造发展，如德国推出工业 4.0，美国积极布局工业互联网（图 1-3）。

| 德国 | 美国 | 日本 | 中国 |
|---|---|---|---|
| 工业4.0 智能服务世界 | 工业互联网 | 超智能社会 互联工业 | 中国制造 2025 工业互联网 |

图 1-3　各国智能产品服务系统发展政策

### 1.2.2.1　德国工业 4.0

德国一直引领世界制造业的潮流，以"工业 4.0"为核心，逐步推动产业转型。2013 年 4 月，在汉诺威工业博览会上，德国最先提出工业 4.0 概念，正式推出《德国工业 4.0 战略计划实施建议》。德国工业 4.0 可以概括为一个核心、两重战略和三大集成、一个核心是"智能 + 网络化"，通过信息物理系统，构建智能工厂；两重战略，即打造领先的市场策略和领先的供应商策略；三大集成，即横向集成、纵向集成和端对端集成。此外，工业 4.0 确定了 8 个优先行动领域：标准化和参考架构，制定参考架构的标准，促进企业之间网络的形成；复杂系统的管理，开发生产制造系统的模型；一套综合的工业基础宽带设施，大规模扩展网络基础设施；安全和安保，确保生产设施和产品具有安全性，防止数据被滥用等。

同年发布的德国工业 4.0 战略重点指导企业生产制造过程的智能化转型，其目标是建立基于数字化、网络化、智能化的服务型制造新模式。

2014 年 11 月，政府发布了下一阶段的高新科学技术发展战略，文件中指出了德国未来需要重点开展研究与创新的 6 个领域，经济与社会的数字化转型是重要内容之一，主要发展方向包括智能制造、智慧服务、大数据、云计算、物联网等新兴领域。

针对智能服务的产业发展，2015 年 3 月，德国联邦经济事务和能源部联合德国国家工程院、埃森哲、西门子、德勤等一批科研和咨询机构共同发布了《智能服务世界》战略咨询报告，该报告指出继续将精力放在以产品为中心的领域将不再可行，数据延伸出的智能服务正在打造出一波颠覆性的商业模式。

2016 年，发布《数字化战略 2025》，目的是将德国建成最现代化的工业化国家。该战略指出，德国数字未来计划由 12 项内容构成：工业 4.0 平台、未来产业联盟、数字化议程、重新利用网络、数字化技术、可信赖的云、德国数据服务平台、中小企业数字化等。

2019 年 11 月，发布《德国工业战略 2030》，主要内容包括改善工业基地的框架条件、加强新技术研发和调动私人资本、在全球范围内维护德国工业的技术主权。德国认为当前最重要的突破性创新是数字化，尤其是人工智能的应用。要强化对中小企业的支持，加速数字化进程。

### 1.2.2.2　美国工业互联网

美国是智能制造的重要发源地之一，持续关注新一代信息技术发展及其影响，将信息技术优势与制造业深度融合，推动制造服务体系智能化。

2012 年，作为全球智能化服务转型的杰出代表，美国通用电气公司发布《工业互联网：打破智慧与机器的边界》，提出了工业物联网概念和最新体系架构，将智能制造设备、数据分析和网络人员作为未来制造业的关键要素，以实现人机结合的智能决策。该战略指出工业互联网是信息和知识密集型的，而不是资源密集型的，凸显了网络和平台

创建的价值，为降低环境影响和支持生态友好型产品、服务开辟了新的道路，通过平台、网络和数据的开放引入第三方创新者打造全新的智能服务和商业模式。

通过互联网平台把设备、生产线、工厂、供应商、产品和用户紧密地连接融合起来。"工业互联网"是开放的、全球化的网络，将人、数据和机器连接起来，属于泛互联网的目录分类。"工业互联网"依靠机器以及设备间的互联互通和分析软件，改变以前以单体智能设备为主的模式，是全球工业系统与高级计算、分析、传感技术及互联网的高度融合。此后，美国电话电报公司（AT&T）、思科、通用电气、国际商业机器公司（IBM）和英特尔（Intel）成立工业互联网联盟。为进一步构建工业互联网平台打下了坚实基础。工业互联网联盟共同推动工业互联网发展，强化工业互联网平台的服务能力。

2019 年，发布《人工智能战略：2019 年更新版》，为人工智能的发展制定了一系列的目标，确定了八大战略重点。

2020 年，美国工业互联网联盟首次发布《工业数字化转型白皮书》。报告分析了企业数字化转型的驱动因素，描述了云计算、超链接、数字孪生等支撑数字化转型的关键技术及其应用场景，认为物联网技术是数字化转型的基石，而"快速、开放和高效"的创新型流程是数字化转型的关键。

### 1.2.2.3　日本超智能社会

为在新一轮国际竞争中取得优势，日本制定并发布了一系列技术创新计划和数字化转型举措，以技术创新和"互联工业"为突破口，建设超智能社会。

2015 年，发布《新机器人战略》。该战略提出

要保持日本的机器人大国的优势地位，促进信息技术、大数据、人工智能等与机器人的深度融合，打造机器人技术高地，引领机器人的发展。

2016 年 12 月，正式发布了工业价值链参考架构，形成独特的日本智能制造顶层架构。该架构包括 3 个层级，即基础结构层、组织方式层、哲学观和价值观层；该架构包括产品维、服务维和知识维 3 个维度，企业在产品维和知识维上开展生产活动从而形成四个周期，即产品供应周期、生产服务周期、产品生命周期、工艺生产周期。

2016 年，日本发布《第五期（2016—2020 年度）科学技术基本计划》，提出利用新一代信息技术使网络空间和物理世界高度融合，通过数据跨领域应用催生新价值和新服务，并首次提出超智能"社会 5.0"这一愿景。

2017 年 3 月，《互联工业：日本产业新未来的愿景》明确提出"互联工业"的概念，其中三个主要核心是：人与设备和系统交互的新型数字社会，通过合作与协调解决工业新挑战，积极推动培养适应数字技术的高级人才。互联工业已经成为日本国家层面的愿景。为推动"互联工业"，日本提出支持实时数据的共享与使用政策；加强基础设施建设，提高数据有效利用率，如培养人才、网络安全等；加强国际、国内的各种协作。

2018 年 6 月发布的《日本制造业白皮书》强调"通过连接人、设备、系统、技术等创造新的附加值"，正式明确将互联工业作为制造业发展的战略目标，并通过推进"超智能社会"建设，抢抓产业创新和社会转型的先机。

2019 年，日本决定开放限定地域内的无线通信服务，通过推进地域版 5G，鼓励智能工厂的建设。

### 1.2.2.4　中国制造 2025

《中国制造 2025》提出大力发展面向制造业的信息技术服务，提高重点行业信息应用系统的方案设计、开发、综合集成能力。鼓励互联网企业发展移动电子商务、在线定制等创新模式，积极发展对产品、市场的动态监控和预测预警等业务，实现与制造业企业的无缝对接，创新业务协作流程和价值创造模式。

同时，《中国制造 2025》明确要加快发展研发设计、技术转移、创业孵化、知识产权、科技咨询等科技服务业，发展壮大第三方物流、节能环保、检验检测认证、电子商务、服务外包、融资租赁、人力资源服务、售后服务、品牌建设等生产性服务业，提高对制造业转型升级的支撑能力。

2015 年 7 月，国务院印发《国务院关于积极推进"互联网 +"行动的指导意见》，提出推动互联网与制造业融合，提升制造业数字化、网络化、智能化水平，加强产业链协作，发展基于互联网的协同制造新模式。

2017 年 11 月，国务院印发《国务院关于深化"互联网 + 先进制造业"发展工业互联网的指导意见》，文件指出，工业互联网作为新一代信息技术与制造业深度融合的产物，日益成为新工业革命的关键支撑和深化"互联网 + 先进制造业"的重要基石，对未来工业发展产生全方位、深层次、革命性影响。工业互联网通过系统构建网络、平台、安全三大功能体系，打造人、机、物全面互联的新型网络基础设施，形成智能化发展的新兴业态和应用模式，是推进制造强国和网络强国建设的重要基础，是全面建成小康社会和全面建成社会主义现代化强国的有力支撑。

2019 年 1 月，工业和信息化部印发《工业互联网网络建设及推广指南》，明确提出以构筑支撑工业全要素、全产业链、全价值链互联互通的网络基础设施为目标，着力打造工业互联网标杆网络，创新网络应用，规范发展秩序，加快培育新技术、新产品、新模式、新业态。

2019 年 3 月，工业互联网写入《2019 年国务院政府工作报告》。报告提出围绕推动制造业高质量发展，强化工业基础和技术创新能力，促进先进制造业和现代服务业融合发展，加快建设制造强国。打造工业互联网平台，拓展"智能+"，为制造业转型升级赋能。到 2020 年，形成相对完善的工业互联网网络顶层设计。

2020 年 3 月，工业和信息化部印发《关于推动工业互联网加快发展的通知》，通知中要求各有关单位要加快新型基础设施建设、加快拓展融合创新应用、加快健全安全保障体系、加快壮大创新发展动能、加快完善产业生态布局、加大政策支持力度。

### 1.2.2.5 战略应用

在战略应用方面，数字化转型在产品设计和服务业领域持续推进，促使出现产品数字化（虚拟产品、服务产品）、产品智能化以及实体产品和数字服务结合，如图 1-4 所示。

图 1-4 产品和服务设计的数字化转型

率先数字化转型的是具有"分享"和"共享"特征的内容产品或服务。社交网络企业让用户乐于"分享"自己的情绪、见闻等，数字化内容提供商等分享媒介和平台的出现将线下的音乐、图书、电影等产品数字化；随后优步（Uber）、爱彼迎（Airbnb）、闲鱼等平台提供网约车、民宿、二手商品交易等服务的出现，将内容与服务由"分享"向"共享"形态演进。数字交易、数字金融、数字发行等数字产品和服务逐步向消费者推广，更有厂商试图通过打造"社区"等手段提高用户的黏性，数字经济整合服务业的速度不断加快。

与此同时，制造业与服务业"融合"形式的数字化转型也大规模开启。计算机和电子设备厂商成为制造业领域"融合"服务的主要推动力，数字内容开始被融入新开发的电子设备中，以工业产品的形式为消费者提供服务，在跨国企业的推动下，电子设备制造业在全球布局。信息技术企业则开始数字化转型路径的探索，率先将软硬两个层面的能力打通，利用数字技术进行二、三产业融合。更多的制造业企业则通过购买数字化服务来提升企业的生产效率，对数字服务的购买也降低了企业独立进行信息与通信技术的基础设施开发投资的成本，节约了社会资源。在数字产品软硬件的综合作用下，企业对数据分析和运用能力大大提升，数据的重要性开始凸显。

随后，大数据、云计算、人工智能技术的进步和应用，大大提升了企业分析和使用数据的能力，增加了数据规模；加之各大场景用户规模的增长，平台成为新的产品和服务载体，围绕平台形成数字产业生态。这也使数字化转型呈现出新的特点：以平台化为转型基础，以智能化为转型目标。实体产品与数字服务融合方式也出现了两种典型路径：一种是由互联网企业推动，通过提供云服务、数据服务和平台服务以及数字化基础设施为其他产业进行数字赋能，促进业务流程的数字化转型，例如腾讯、阿里巴巴提供的云服务等；另一种则是由传统制造业厂商推动，通过对信息和通信技术基础设施投资搭建基于自身制造经验的互联网平台，将业务流程、产品和服务以数字化的形式呈现，如德国西门子的 MindSphere、美国通用的 Predix、中国海尔的 COSMOPlat、中国华为的 FusionPlant 等。这种平台化的数字化转型是"分享"精神的延伸，将分享产品、分享服务向分享数据、分享生产经验拓展，让数字化转型的主战场从 C2C、B2C 延伸到 B2B 领域。

目前，人工智能技术的进步不仅改变了生产组织形式、企业形态，也改变了城市的面貌和基础设施，

公共服务供给。在技术的推动下，生产端和消费端深度融合，产品中包含了更多的服务，消费者本身也可以作为内容、创意的供给方为生产服务；生产领域相继出现了智能化车间、智能化工厂、智能化供应链；部分行业出现新一轮机器人对人工的替代；在社会领域，基于交通大数据和无人驾驶技术的"智慧交通"体系正在各城市不断实践，运用远程技术和医疗数据的"智慧医疗"体系也在不断建设，政府服务也可以在"电子政务平台"进行。除了实体产品和服务的平台化、智能化外，目前的智能产品服务设计还包括利用数字技术建立与现实经济平行且交互的虚拟世界，目前的"元宇宙"即是对数字生态的一种探索。

### 1.2.3　学术研究现状

在学术研究方面，学者科尔贝克（Kohlbeck）等从 Web of Science 和 Scopus 数据库中筛选出智能产品服务系统设计相关文献，运用 VOSviewer 软件进行聚类分析，得出近年来智能产品服务系统设计研究的五个重要主题。

#### 1.2.3.1　数字化视角

智能解决方案的提供和数字服务的实施涉及大数据、人工智能、数字孪生、物联网和信息物理系统等新型数字技术。这些技术通过提供机器、设备、产品和服务之间的交互，提高了公司对市场变化的适应能力。产品服务系统设计与数字化之间的联系也与实现数字化所带来的优势有关，例如需求、产品和服务的个性定制化，以及对规划、生产和监测等生产过程的优化。

郑湃等将智能产品服务系统设计的关键要素分

为三个层次：产品—服务层、系统层和体系层。产品—服务层涉及连接的产品、服务以及为用户提供服务的支持基础设施；系统层包括一系列解决方案的系统集成、多个利益相关者的参与以及为实现性能优化的基于平台的智能系统；体系层将行业边界扩展到一组相关的智能产品服务系统，以及进一步影响整个生态系统的外部辅助系统（如数据管理系统），包括智能建筑或智能家居等。此外，卡莱拉 – 里维拉（Carrera-Rivera）等强调，在考虑环境、社会和经济的情况下，智能产品服务系统还能实现向可持续商业模式的过渡。因此，皮罗拉（Pirola）等得出结论，目前对智能产品服务系统的研究仍处于前期阶段，可以利用数字化和服务化等相关领域的科学成熟度，开发智能产品服务系统设计概念模型，以支持学者和从业者快速部署智能产品服务系统的科学研究进展。

### 1.2.3.2　循环经济视角

循环经济视角的关键词是可持续性、循环经济、创新、生命周期分析和经济增长。近年来，关于产品服务系统与循环经济的相互关系的研究不断增长。在许多研究中，产品服务系统以一种实施循环经济的战略或商业模式，将产品服务系统设计与可持续性相结合，其主要优点是提高资源和能源使用效率、延长产品寿命并减少浪费。

在相关设计方法上，萨森内里（Sassanelli）等将卓越设计方法应用于智能产品服务系统设计，指出了该设计方法对产品生命周期管理和产品服务生命周期管理的贡献——不仅可以在设计产品服务系统方案时支持服务的整合，还为设计师提供与产品服务系统的生命周期阶段相关的信息。

此外，生命周期分析也是一个重要的研究方向，努内斯（Nunes）等发现与其他传统的所有权模式相比，产品服务系统在减少环境影响方面表现出更好的效果。但要评估产品服务系统设计的可持续潜力，仅分析环境是不够的，因为可持续性由社会、经济和环境等角度组成，生命周期成本法和社会生命周期评估等评估方法也具有必要性。例如，坎巴努（Kambanou）等指出，生命周期成本法可用于评估盈利能力，并提供有关材料循环性的信息。索萨 – 佐默（Sousa-Zomer）的研究中认为智能产品服务系统设计还需要评估社会问题，如安全、福利和劳动等，并考虑到智能产品服务系统的整个生命周期中涉及的所有利益相关者。相关研究中还考虑了一种侧重于信息技术和动态生产形式进步的方法，包括模块化和创新生态系统。

这些研究工作表明，与其他传统的所有权模式相比，智能产品服务系统在减少环境影响方面具有优越的效果，可以根据产品的类型提供资源来执行维护和升级。

### 1.2.3.3　绩效视角

绩效视角的主要议题是制造、供应链、生命周期和产品设计。该集群涵盖了与运营和营销管理相关的研究，全面考虑产品的整个生命周期。为此，智能产品服务系统需要从价值网络的角度出发，联合整个供应链中的利益相关者，以提供有效的集成服务，满足客户需求并创造竞争优势。

陈勇等指出，在竞争激烈的环境中，提供差异化的高质量服务至关重要。此外，拉贾科（Rajak）发现供应链管理可用于灵活性评估，其中混合整数线性规划模型和元启发式算法可以通过促进资源利用率的最大化等方式解决供应链管理问题。戈米（Ghomi）等研究了混合整数规划在产品服务系统领域的应用，旨在解决服务负载均衡和传输优化问题。在此基础上提出了一种集成资源流和负载均衡的算法，利用云计算实现任务分配，提高了资源流效率，缩短了响应时间。费雷拉（Ferreira）等强调，制造企业通常以产品为导向，即注重有形性。根据贝恩斯（Baines）等的研究，自 1980 年以来，将简单的服务策略与产品结合已经成为常见做法，不再具备竞争优势。因此，目前的研究认为获得市场优势的一种方式是将物联网和大数据纳入制造服务。此外，各行各业积极寻找可持续发展的替代方案，尤其在汽车行业中，需要考虑到电动汽车的发展趋势以及对电池和报废车辆回收的需求。特斯拉、谷歌的自动驾驶汽车项目 Waymo 和优步的出现已经对汽车行业产生了重大影响，并颠覆了主导的商业模式和移动领域的设计过程。

### 1.2.3.4  可持续设计视角

可持续设计视角的关键词是环境影响、生态设计和可持续发展。早期的产品服务系统设计重点是产品、服务的技术和方法论整合，工程占主导地位。然而，由于循环经济在产品服务系统研究中的强大影响，目前的智能产品服务系统设计体现了对可持续性的关注。此外，智能产品服务系统和可持续性之间的关系在文献中是分散的和多学科的，因为产品服务系统设计中存在不同的产品服务系统类型（以产品为导向，以使用和结果为导向），不同的假设（生产中使用的能源类型、选择的运输方式、工作的部门等）和用于衡量可持续潜力的不同方法。

与可持续相关的最新研究中，最突出的是使用

人工智能开发可持续的产品服务系统和实现清洁生产。例如学者们提出了一个数据驱动的可逆框架来实现可持续的智能产品服务系统，通过智能 3D 打印机可持续发展的例子证明了人工智能对产品服务系统可持续潜力的贡献。关于生态设计的讨论已经扩展到衍生方法，如精益产品服务系统设计和智能产品服务系统设计。在这些方法中，最突出的是使用快速原型制作来支持设计过程，部分方法还强调价值共创，使多个利益相关者在产品和服务的设计中拥有决策权。此外，为了识别和满足用户需求，神经营销和神经科学被用于识别由刺激和行为倾向引起的用户特定情绪类型。

### 1.2.3.5  综合视角

一些研究侧重于用户接受度、业务模型和对产品服务系统提案的变革。社会和经济压力可以促使公司意识到变革的迫切性。然而，这种变革需要公司具备营销、设计、可持续发展、人力资源管理、网络和合作伙伴关系等方面的技能。此外，开发产品服务系统商业模式的公司还需要考虑为用户提供可持续消费的机会。在产品服务系统中，为了更好地与客户进行互动，阿克巴（Akbar）等强调了在业务模型开发过程中用户共创的重要性。除了与用户的互动外，生态系统与产品服务系统直接相关，生态系统的概念正在重塑价值创造的方式。生态系统被定义为一个经济共同体，企业间相互合作和适应，形成共同的愿景，制定治理规则并实现可持续的竞争优势。约翰迪尔（John Deere）、西门子和伊莱克斯等企业已将服务整合到其产品中，分别开发了智能农场、智能城市和智能家居生态系统。

部分研究与用户体验有关，旨在通过收集、分

析和解释数据来更好地满足用户需求。这些数据允许企业根据用户的偏好定制产品和服务，以满足具备不同的偏好、年龄和购买力的用户。用户体验是一个多维结构，包括消费期间和消费后的体验。它是一个持续分析用户积极和消极体验的迭代过程。因此，用户体验可以被视为在竞争市场中实现差异化的营销方法，用于实现和维持"长期用户忠诚度"。

本节介绍了智能产品服务系统设计在技术创新、发展政策、战略应用以及学术研究方面的发展现状。物联网和数字技术的广泛应用，不仅改变了传统产品服务系统的设计内容，还为智能化的设计方法和工具提供了技术支持。目前，国内外企业积极开展数字化转型，将智能产品服务系统设计理念运用于企业新产品服务开发中，既提高了企业生产效率和质量，同时为用户提供了更优的产品服务使用体验，为企业的可持续发展带来了新的机会点。

# 1.3 智能产品服务系统设计趋势

## 1.3.1 信息技术支持趋势

从信息技术的角度来看，物联网作为智能产品服务系统的基础，实现了系统中无处不在的连接：边缘云计算提供了高效益的信息处理，信息物理系统和增强现实确保了数字化过程（例如数字孪生），人工智能技术（例如基于知识工程的机器学习）和大数据分析确保了成功的商业智能决策。物联网等技术既可以用于直接衡量成本和环境影响等关键成功因素，也可以通过大数据分析预测这些因素来帮助降低风险。需要数字平台来建立并管理一个商业生态系统，允许灵活地协作和新的商业模式的开放式创新。

智能产品服务系统设计信息技术支持的发展趋势可以总结为以下两个方面。

从设计开发的角度来看，智能产品服务系统设计将采用由数据驱动的基于平台的方法，并具有上下文感知能力。智能产品服务系统的平台通常分为内部平台和外部平台。平台可以充当市场创造者、受众创造者或需求协调者，使商品或服务在两个或多个参与者之间产生间接网络效应。服务平台作为引擎，具有有形和无形组件的模块化结构，可以促进参与者之间的交互并整合其操作资源。

从应用领域的角度来看，智能产品服务系统将广泛应用于智能制造、智慧城市、智慧生活等各种场景，以及工程生命周期的不同阶段，包括设计阶段中的协同设计、制造阶段中的智能制造、分销阶段中的智能物流和使用阶段中的逆向设计、重新配置和预测性维护等。

## 1.3.2 系统价值趋势

从价值主张的角度来看，智能产品服务系统设计反映了一种独特的数字化服务设计类型，智能互联产品充当媒体和工具，用于生成依赖产品以及独立于产品的电子服务。同时，大多数现有智能产品服务系统仍然以产品为导向或以使用为导向，而较少关注以结果为导向的商业模式。在此背景下，需要进一步探索和平衡各类智能产品服务系统，以更好地满足用户的需求并提供优质的使用体验。

从价值创造的角度来看，在智能产品服务系统的背景下，利益相关者通过服务平台（例如移动应用程序）积极参与价值共创过程，服务提供商和用户在开放式创新环境中共同作出贡献。智能产品服务系统将持续促进利益相关者的积极参与和共创，用户成为设计创新的重要参与者。同时，开放创新平台将更加完善，以促进利益相关者之间的互动和合作，实现更加开放的创新过程。

从管理实施的角度来看，企业不仅要考虑数字化能力（即连接性、智能性和分析性），还要综合考虑产品服务创新、价值链流程、组织变革、人力资源和用户关系管理等多种因素。

从社会创新角度来看，智能产品服务系统可以被视为一种以生态系统为中心的开放式创新观，通过应用颠覆性技术，以一种盈利且可持续的方式解决社会挑战，例如智慧城市、智慧生活等。它代表了共享价值、可持续繁荣和提升人类福祉的愿景。同时，用户积极参与价值生成循环中，通过自身体验和知识推动设计持续创新。

从环境贡献方面来看，服务化的最终目标是减少对环境的影响，从而在循环经济中实现可持续性。智能产品服务系统在解决可持续性问题，即在提高资源效率、延长使用寿命和闭环方面具有巨大潜力。然而，为了实现智能循环型产品服务系统，还需要提供更多的定量方法、深入分析和实施案例。

### 1.3.3 学术研究趋势

在学术研究方面，学者科尔贝克（Kohlbeck）在分析产品服务系统发展过程和现状的基础上，通过文献的对比分析，将智能产品服务系统设计相关研究的发展趋势总结为五个方面。

#### 1.3.3.1 数字化视角

目前尚无可以充分解决智能产品服务系统提案设计特征相关问题的方法，因此，未来的研究将侧重于借鉴相关领域(如服务化和数字化)的科学知识，开发合适的知识、方法和工具来支持智能产品服务系统设计。皮罗拉（Pirola）等强调了同时考虑智能产品服务系统的数字技术和社会经济视角的必要性。因此，未来的研究可以侧重于确定成功实施智能产品服务系统的关键因素，包括公司规模等结构特征，产品、使用和结果导向的产品服务系统提案之间的差异。

#### 1.3.3.2 循环经济视角

产品服务系统相关研究主要涉及生命周期分析相关方法。由于这种方法涉及在整个生命周期阶段对产品、服务、信息、技能、基础设施、价值链和利益相关者进行整合设计，因此需要研究人员和从业者提供新的解决方案。例如，通过筛选生命周期建模来模拟生命周期场景，或者将不同利益相关者纳入产品服务系统设计。具体而言，研究人员应该关注信息和通信技术以及循环经济作为与产品服务系统设计相关的关键主题。此外，还应考虑循环经济、物联网、智能产品和服务、工业 4.0 和大数据对产品服务系统设计主题的影响。卓越设计方法不仅有利于促进循环经济，还可以在产品服务系统提案的整个生命周期内提高质量、降低成本和优化时间。

考虑到产品服务系统在三重底线范围的影响，产品服务系统设计预计还会采取更综合的方法：①通过生命周期评估环境影响；②通过生命周期成本核算评估经济影响；③通过社会生命周期评估社会影响。目前的研究中仍然缺乏衡量三重底线范围影响的方法。另一个日益重要的研究领域是循环经济与工业 4.0 技术的接口，智能技术可以带来社会、环境和经济机会，而缺少相关技术可能会产生相反的影响，如何突破这些障碍具有研究意义。

#### 1.3.3.3 绩效视角

服务注入、服务转型、服务策略等传统研究主题可能会在未来几年继续受研究者的关注。然而，与目前普遍观点（即驱动因素、障碍和组织挑战）相反，新兴的互补研究主题关注企业的商业模式创新、服务主导逻辑、核心能力和价值系统网络。

服务化和服务主导逻辑之间具有紧密联系，特别是在价值和共创方面。在延续这一趋势的同时，未来的研究可能会进一步探索以价值为导向的产品和服务的深入整合，还将强调用户参与价值共创，以技能和专业知识为单位的交换以及创新生态系统。因此，在实践中进一步研究服务至上逻辑至关重要。

此外，还应考虑新的横向交叉领域趋势。在服务化关系和这些跨领域趋势的推动下，商业模式、核心能力和价值体系网络将再次复兴。此外，与可持续性相关的新的跨领域趋势，如共享经济、协作消费，尤其是循环经济，将重新引发研究关注。

### 1.3.3.4　可持续设计视角

产品服务系统设计方法是一个重要的研究领域，可持续设计方法和工具备受关注，例如生态设计、模块化、仿生设计等。另一个新趋势是将知识管理纳入产品服务系统设计，特别是在概念设计阶段。赤坂（Akasaka）等提出了一种系统，通过将收集的信息集成到计算机辅助设计的知识库中来获取新的产品服务系统设计解决方案。根本（Nemoto）等借鉴产品设计领域思想，专注于利用知识库和产品服务系统设计目录创建产品服务系统概念，该目录使用分类标签对核心产品、需求、功能、实体、主体和参与者等各种设计要素进行梳理，便于知识搜索和应用，支持产品服务系统设计的概念阶段。数字设计技术是计算机辅助设计和增材制造（3D 打印）等研究的重要方向。钱尼（Chaney）等指出，增材制造能通过定制产品和提供更可持续的价值主张来提高服务化水平。

可持续设计包含环境、社会、创新等每个角度。然而目前的研究在社会影响方面仍然需要持续拓展。

### 1.3.3.5　综合视角

在产品服务系统设计概念的生成和评估方面，运用层次分析法、质量功能部署、失效模式和影响分析、分析网络法和数据包络分析等精细化技术来生成和评估产品服务系统成为一种趋势。因此，未来的发展应该着重研究如何更好地定义、集成和评估不同类型的需求；如何在产品服务系统设计中平衡经济、环境和社会观点；以及如何在产品服务系统设计中考虑源自价值链的需求。

应用仿真、建模和系统动力学方法解决由物联网等技术支持的运营问题也具有广阔的应用机会。例如，马什哈德（Mashhadi）等开发了一种决策模型，旨在构建一种基于智能代理的仿真框架，用于模拟个体特征、社会影响和先前决策对消费者选择产品服务系统决策的影响。博尔托卢齐（Bortoluzzi）等的研究也强调了中小型制造企业将服务化与技术投资相结合的必要性，可以将物联网、先进仿真、云计算和大数据分析等工业 4.0 技术与产品服务系统提案的制定和生产环境相结合。

此外，考虑到联合国《2030 年可持续发展议程》的可持续发展目标，未来的研究可以关注促进产品服务系统方案中可持续生产的措施。例如，可以采用与生物质相关的材料生产可持续和可生物降解的产品，并通过采用技术创新工艺减少生产中温室气体的排放。同时，还可以探索能源相关的技术创新，例如碳捕获和储存技术以及数字矿物加工，以提供可再生能源和其他清洁生产的替代方案。

智能产品服务系统作为 2014 年提出的新兴的信息技术驱动的价值共创业务策略，近年来越来越受关注。本章主要介绍了智能产品服务系统的起源、现状和发展趋势，智能产品服务系统的起源可以追溯到互联网和物联网的快速发展时代。目前，这一系统已经在多个行业领域得到广泛应用，提供智能、可持续、个性化、高效的服务。智能产品服务系统将趋向更智能化、多模态交互,并与用户协作更紧密,以提供更高效和可持续的工作流程、决策支持和设计结果。因此,本书内容试图描述智能产品服务系统设计相关概念、流程、方法和实践案例,为从事基于用户积极体验的智能产品服务设计相关从业人员提供参考。

# 2

第 2 章

## 概念界定与
## 系统类型

# 2.1 智能产品

产品设计是一个从无到有的造物过程，从人的需求出发，平衡品牌商、生产商、销售商、购买者、使用者、拥有者、回收者等利益相关者，利用现有的文化、科学、技术、工程知识，将目标对象主观需求转变为物理产品的设计过程。

近年来，在虚拟化、非物质化的发展趋势下，产品设计正在经历两种类型的变化。一方面是产品物理属性的转变，非物质性日益增长，包括服务业的增长、新的服务模式的出现、制造公司向服务化转变，以及从用户体验的视角开展设计。另一方面，物联网和人工智能等技术正潜在地增加产品的新价值，并在更大的生态系统中重新定位传统的物理产品，配备传感器、嵌入式人工智能和信息技术的智能产品是这一转型的核心。

## 2.1.1 智能产品概念

随着微芯片、软件、传感器等信息通信技术的快速发展，智能产品的种类和数目在近年来持续激增。根据文献中的定义，智能产品是利用基于互联网的通信服务，从而能与上下文以及其他智能产品进行通信和交互的产品，具备高程度信息技术及收集、处理和产生信息的能力。例如，自动割草机可以被认为是传统割草机的智能版本。这些机器配备了传感器，使它们能在有限的人工干预下运行。与传统的割草机不同，智能割草机可以被编程为在预定的时间工作，并在需要时自动连接到充电装置。因此，智能产品由"物理部分"和"数字部分"两部分组成，除了机电一体化部件外，智能产品还包括信息技术驱动的部件。在目前的研究中，智能产品又被称为智能事物、智能对象、智能互联产品、网络物理系统或数字化产品。

对于智能产品，波特（Porter）和赫佩尔曼（Heppelmann）认为："使智能互联产品发生根本转变的不是互联网，而是'事物'不断变化的性质"。因此，目前正发生的产品设计的根本性转变，并不意味着物理对象的终结。在2016年，戴尔（Dell）科技公司的首席技术官约翰·罗斯（John Roese）观察到，物联网的特殊性在于这项技术"本质上是为连接数字世界和物理世界而构建的"。产品通过强大的服务组件得到了功能增强，在一定程度上顺应了服务化的趋势。目前主要的智能产品概念界定如表2-1所示。

表2-1 智能产品概念界定

| 作者（时间） | 概念界定 |
| --- | --- |
| 阿尔门丁根，隆布雷利亚<br>（Allmendinger & Lombreglia, 2005） | 产品通过内置智能获得意识和连接而变得智能 |
| 波特，赫佩尔曼<br>（Porter & Heppelmann, 2015） | 智能产品包括三个核心元素：物理组件，"智能"组件和连接组件 |

| 作者（时间） | 概念界定 |
| --- | --- |
| 里斯迪克，霍廷克<br>（Rijsdijk & Hultink, 2009） | 智能产品是以信息技术的高含量及收集、处理和产生信息的能力为特征的市场产品，具有自主性、适应性、反应性、多功能性、合作性、类人互动和个性等多个维度的特点 |
| 卡坎南<br>（Kärkkäinen, 2003） | 智能产品是包含传感、存储、数据处理、推理和通信功能的产品 |
| 麦克法兰，等<br>（Mcfurlane et al., 2002） | 智能产品被描述为"具有以下五个特征的部分或全部"的物理产品：①具有独特的身份；②能与其所处环境进行有效通信；③可以保留或存储自身相关数据；④部署一种语言来显示其功能和生产要求等；⑤能自主决策 |
| 国际生产工程科学院<br>（CIRP, 2019） | 智能产品可以被解释为将信息物理系统与产品服务系统集成在一起的独特混合体 |
| 刘昂，等<br>（Liu et al., 2022） | 智能产品的智能性取决于其收集、处理、传输、存储、分析和集成数据的能力 |

## 2.1.2　智能产品类型

在智能产品的类型学方面，拉夫（Raff）等学者根据产品软硬件功能确定了四种类型的智能产品，随着产品性能的升级，产品中有形组件（硬件）的多功能性与无形组件（软件）的复杂性以及潜在功能（硬件和软件协同工作）也在增加（图 2-1）。

### 2.1.2.1　数字型产品

标准：IT 设备、数据存储、数据处理和分析、数据提供和传输。

概念：数字型产品是一种离散产品（分散生产的产品），具备处理信息的硬件，能通过其操作软件进行基本的数据管理。数字型产品依赖于信息技术，这不仅使产品能执行固有功能，而且能允许产品处理数据，从而实现各种附加功能。例如，数码相机不仅可以拍照，还可以显示、整理或删除照片。

功能和性能：通过嵌入信息技术，数字型产品能执行基本的编程操作，如存储或保存数据，以及进行数据处理与分析。此外，这类产品还可以提供和传输数据，例如从光盘（CD）或 USB 驱动器中检索数据以播放音乐或通过在数码相机的屏幕上显示图片。

实例：如上所述，数码相机是一种典型的数字型产品。它配备了必要的硬件和组织软件，符合存储、处理和提供数据的所有标准。高保真音响系统能储存和处理光盘或 USB 驱动器的数据，并且可以提供基本功能设置，如闹钟或提醒功能。然而，为了在框架中向更高级的原型发展，它需要具备连接器、传感器、执行器以及更强大和复杂的软件。

软件复杂性和硬件多功能性

智能型产品

用于学习、改进和预测的智能软件

可能以"无线方式"提供

响应式产品

预定义或可编程传感和响应逻辑软件

连接型产品

通信软件

数字型产品

基础操作系统软件

传感器和执行器

传感器和执行器

连接器

连接器

连接器

模拟

基本硬件

基本硬件

基本硬件

基本硬件

能力

基于能力的定义标准

- IT设备
- 数据存储
- 数据处理和分析
- 数据提供和传输

- 唯一标识
- 网络和连接
- 通信和信息交换
- 交互和合作

- 感知
- 实时环境感知
- 反应性和适应性
- 自主执行
- 自动化功能和定制化

- 推理和决策
- 自主和自我管理
- 主动性

示例功能和服务

- 预定义的输入和输出操作
- 基本设置
- 信息的输入、存储和显示

- 跟踪服务
- 分散的功能
- 远程控制和监控
- 信息服务

- IFTTT例程
- 基于规则的技能和行动
- 响应式功能
- 确定性自动化操作
- 基于位置和数据的服务或导航任务
- 性能跟踪

- 基于上下文的复杂服务
- 主动服务
- 基于学习和自主组织的复杂自主行动

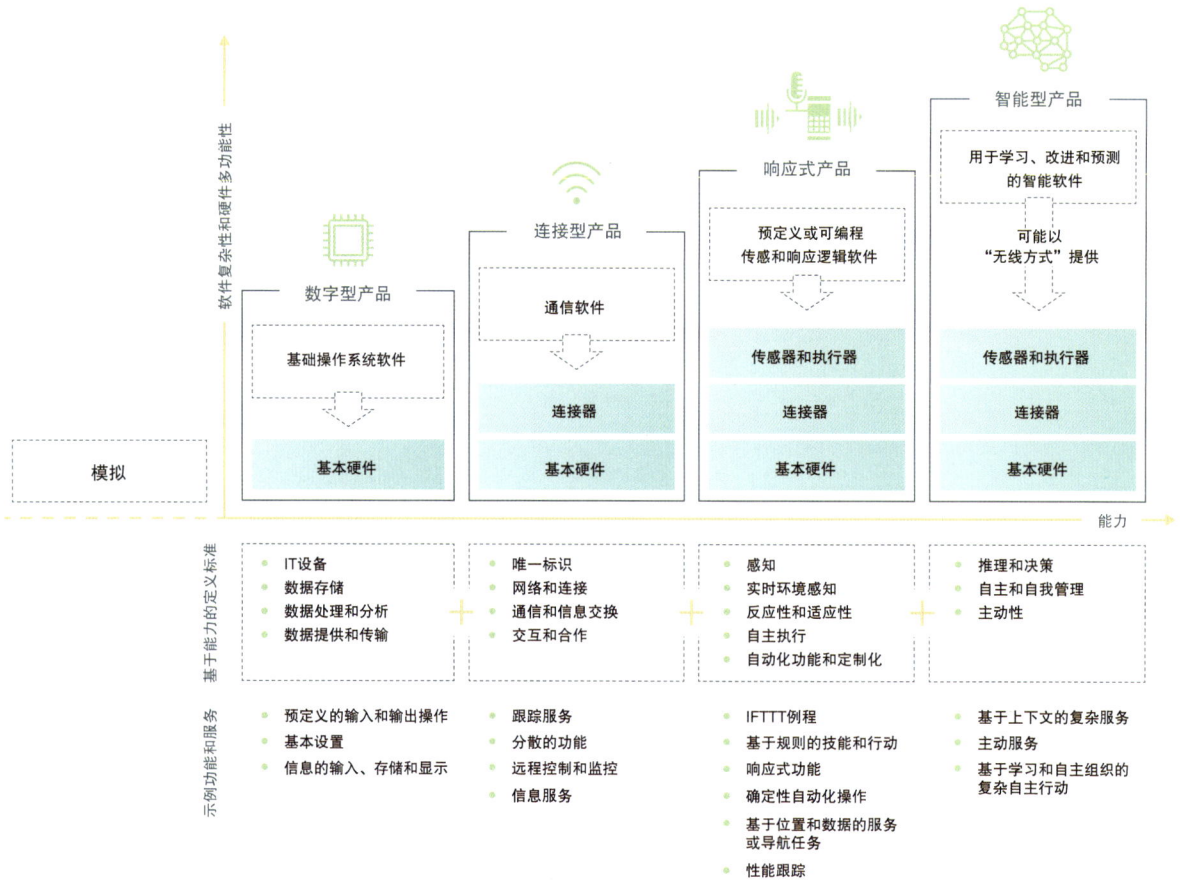

图 2-1　智能产品类型

### 2.1.2.2　连接型产品

标准：唯一标识、网络和连接、通信和信息交换、交互和合作。

概念：连接型产品配有连接器，并通过通信软件实现无线连接、参与更大的实体网络（如物联网）交互并创造价值。连接型产品的主要功能在于数据的发送和接收，需要与其他设备结合使用。通过嵌入产品集成中，互联产品可以通过分散的多功能创造价值。

功能和性能：独立的连接型产品可能无法创造或仅能创造有限的价值。只有与其他的单元交互时，

连接型产品才能创造额外的价值。连接型产品可以具备单一功能或多个功能。连接型产品的一个重要特征是共享一个标志性的数字身份，使其能在与其他设备组成网络时进行唯一识别，进而在设备的整个生命周期及其活动期间自动检测、定位和跟踪设备。此外，连接型产品能通过连接器与其他实体（环境中的其他设备、用户和系统）建立连接，展开通信、合作和交互，通过万物互联等形式的协同工作来共同创造价值。

实例：亚马逊的 Dash 按钮配备了硬件和连接器，在按下按钮时，它能向亚马逊发送电子信号以

启动订单流程。根据唯一标识，Dash 按钮可以绑定给特定用户。此外，其具备联网、通信和信息交换的能力，在订单流程中能在用户、设备和亚马逊之间传输用户特定的订单数据。飞利浦 Hue 的智能照明系统说明了连接型产品是如何通过它们在产品系统中的相互作用来创造价值。如可联网的 Hue 灯泡或 Hue 智能插头等组件，通过与其他设备（如智能手机、音乐系统或智能家居助手）的通信和交互发挥其全部功能。在该系统中，可以远程打开灯光，将播放的音乐与相应的灯光秀对齐，或通过语音控制操作灯光，让不同的互联产品和设备共同创造价值。

### 2.1.2.3　响应式产品

标准：感知、实时环境感知、反应性和适应性、自主执行、自动化功能和定制化。

概念：响应式产品配备了连接器、传感器和执行器，使其不仅可以连接到更大的网络，还可以感知和获取意识，并对输入信号作出反应和对齐。响应式产品依靠复杂的软件，根据感知和响应逻辑运行。大多数情况下，响应式产品需要与其他实体相连，但与连接型产品相比，响应式产品的功能不再分散，而且是与产品本身密切相关。

功能和性能：响应式产品配备了感知技术，使其能收集数据并感知，即主动实时获取关于上下文或自身的信息，包括位置、湿度、声音、温度或重量。随着传感器收集数据的数量、速度和复杂性不断增加，响应式产品能实现更高级的交互。此外，这些数据流使企业能进行高级数据分析，甚至应用"弱人工智能"来改进正在使用中的产品、确定维护需求或提供各种功能。获取的数据可能会支持未来的产品开发周期，在创新管理方面具有巨大潜力。

感知还使产品能根据周围环境的变化来调整操作，产品能在没有用户干预的情况下独立行动，即具备自动化功能。在此基础上，响应式产品主要在明确定义的一组操作参数范围内工作，可将响应式产品分为遵循预定义感知和响应逻辑的产品，以及遵循可编程感知和响应逻辑的产品。遵循可编程感知和响应逻辑的产品具备更灵活的功能，并可以通过使用技能、行动、例程等进行编程。例如，谷歌和亚马逊提供了谷歌 Home 或亚马逊 Echo 的自定义功能，用户可以进行个性化设置，并且还提供了开发平台，使用户可以自行编程。马斯（Maass）和瓦什尼（Varshney）将其称为"根据买家和消费者的需求和影响来定制产品"，通过提供定制的功能和服务，实现高度个性化的体验。由于响应式产品通常满足智能型产品的硬件要求，因此它们可以通过数字升级或液体软件实现"无线"升级，成为智能型产品。

实例：Atomic Connected 滑雪靴通过大量数据丰富了滑雪体验。安装在滑雪靴背面的运动和加速度传感器构成了系统的核心，该系统能跟踪整体滑雪性能，记录斜坡倾斜度、速度、下坡次数、转弯次数、距离、海拔，以及滑雪者站姿的数据。该设备利用靴子的感官反馈来生成和发送智能手机通知，帮助用户获得更智能、更安全的滑雪体验。

亚马逊 Dash Shelf 相对于逐渐淘汰的亚马逊 Dash 按钮，不仅配备了硬件和连接器，还配备了传感器。这些传感器使用虚拟执行器，在产品（例如厕纸、咖啡杯、办公用品）重量低于一定临界重量阈值时触发订购。基于软件升级功能，它甚至可以发展成一种具有预测能力的智能型产品，例如根据需求预测并提供相应的服务。

#### 2.1.2.4 智能型产品

标准：推理和决策、自主和自我管理、主动性。

概念：智能型产品是一种具备学习、预测和自主行动能力的设备。智能型产品配备了响应式产品的完整硬件，还搭载了必备的人工智能软件。这些软件功能使产品能连接到更大的网络，并随着环境变化做出反应，进行模式识别、推理和学习，即具备智能。智能型产品能通过软件控制，预测事件并自主采取适当行动。

功能和性能：推理和自主决策是智能型产品的核心特征。智能产品具备自我管理和自主行动的能力，能独立决策并与外部实体进行交互。响应式产品可以自动执行确定性功能集并遵循网络服务类型的逻辑（如果这样，那么就那样）；而智能产品具备更高级别的智能，能学习、演化并自主行动。在技术上，智能型产品通过集成先进的人工智能技术实现，深度学习和人工神经网络使设备具备创造性推理和有效学习的能力，能适应新情况并自主行动。这种"强人工智能"使智能型产品能快速吸收和学习不断增长的复杂数据集，具备超越人类智能的潜力。智能型产品还能通过预警系统或异常检测来预测事件并主动采取行动，而分析、统计和机器学习的综合应用将进一步提高智能型产品对未来的准确预测能力，这将有助于在行业间建立和加强持久关系（图2-2）。

图 2-2 智能型产品的智能化程度

实例：NEST Learning Thermostat 具备自动调度功能，能自主学习用户在一天中不同时间段喜欢的室内气候。经过数天的学习，NEST Learning Thermostat 会对用户产生直觉，并通过分析预测用户习惯，从而自动调节室内气候。使用 Home-Away 辅助功能，NEST Learning Thermostat 可以在无人时自动切换到生态温度，从而帮助节省能源。

微型巴士 e.Go Mover 具备传感器和嵌入式人工智能，经过几周的训练后，e.Go Mover 会对周围环境产生一定的理解，能适应周围环境并独立移动。

帕尔多（Pardo）等学者将智能产品按"产品内部特征"和"互联系统中的功能"两个维度。

"产品内部特征"反映了产品智能化转型对产品功能的增强程度。智能化转型可能使产品保持原有的核心功能，也可能创造出新的附加功能。因此，将智能产品按照"产品内部特征"进行分类时，重点关注智能产品的功能丰富度。附加功能应该"超越"简单的信息传递，对智能产品新附加功能的评估取决于其对用户的有利程度。

"互联系统中的功能"描述了相对于智能产品在所属的连接实体系统中所执行的功能。智能产品可以是连接网络中的"节点"，仅捕获有限数量的信息，将信息传达给有限数量的实体，以及从有限数量的实体接收信息。智能产品还可以充当连接网络中的"枢纽"（中心节点），从不同的实体接收各种类型的信息，并将信息传达给不同的实体。例如，会议室中的智能灯可以被视为一个"节点"，仅发送有限信息，并仅获取员工是否存在房间内的信息；而会议室本身（作为一个由智能灯、加热器、空调等多种智能产品组成的系统）则充当"中心节点"，从多个不同的传感器或外部系统接收信息，并与各种产品进行交互传递信息。

结合这两个不同的维度，智能产品可以分为四种类型，如图 2-3 所示。

### 2.1.3　智能产品特征
#### 2.1.3.1　技术智能化

从技术智能化的角度看，与传统产品相比，智能产品具有智能性、上下文感知、重新配置等多项技术特征（图 2-4）。

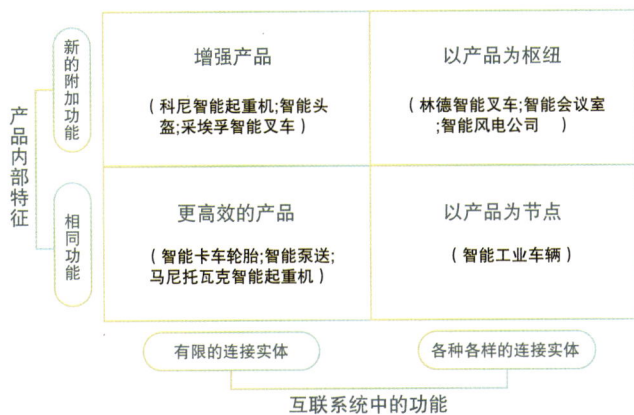

图 2-3　智能产品的功能类型

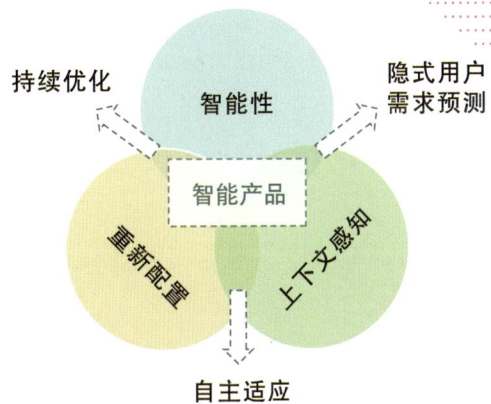

图 2-4　智能产品的技术智能化特征

### （1）智能性

智能性是指智能产品在非人工干预的情况下处理信息和做出决策的能力。智能产品的智能性是通过微芯片和传感器等嵌入式高性能硬件系统以及人工智能和大数据分析等能力实现的，这些技术使智能产品能处理数据、做出决策并自我改进。智能产品的智能程度主要表现在三个方面：首先，智能产品能与用户进行交互。例如，提供产品变更的信息，提供用户指南并避免用户出错；其次，智能控制取代了传统的反馈控制，智能产品能处理大量数据以控制更复杂的活动；最后，智能产品在执行功能时具备自主性和自适应性，这意味着智能产品可以替代用户决策，主动执行产品功能。

## （2）上下文感知

上下文指影响用户偏好和决策标准的情境。上下文感知涉及智能产品感知、解释、学习和整合情境信息的能力，使智能产品能指导决策、扩展功能、调整行为和适应结构。配备了各种传感器的智能产品能实时收集和分析数据，使设计人员能了解用户活动、上下文和产品性能，从而在上下文影响和用户满意度之间建立关联。因此，智能产品的上下文感知功能为产品和服务创新提供了机遇。

## （3）重新配置

重新配置是指对现有产品模块进行修改以满足新的产品需求。智能产品通常包含许多能远程更新的软件模块，能在产品生命周期的使用阶段中改变其功能。因此，智能产品通过重新配置软件模块和基于互联网的服务，为产品服务系统提供了新的潜力。智能产品软件重新配置分为通用技术性升级和独立运行时升级。通用技术性升级是指产品整体升级，例如智能手机的软件系统更新。独立运行时升级则是提供额外的功能或基于互联网的服务，例如智能汽车的停车辅助功能。

### 2.1.3.2　功能智能化

从功能智能化的角度看，智能产品的一个显著特征是能与共享网络中的其他智能产品或服务提供商进行通信、连接和协作。因此，智能产品需要与用户、环境和其他产品之间进行复杂的交互，从而为其提供功能或从事特定行为。功能智能化主要体现在上下文智能性、网络智能性、服务智能性。

## （1）上下文智能性

如上所述，智能产品的上下文智能性可以被定义为"产品感知、解释、学习和整合情境信息以指导

决策、调整行为和调整结构的能力"。在产品开发中，上下文可以理解为一组情境因素，在不同的情境下，智能产品应该主动调整其功能、行为和配置，适应与目标客户、同行产品、服务提供者的交互。

上下文智能性可以分为主动式上下文智能性和响应式上下文智能性。主动式上下文智能性产品可以主动监测上下文变化，不断调整其行为和学习未知情境，在没有用户指令的情况下自主做出决策。响应式上下文智能性产品可以识别预定义的上下文，根据预编程的规则响应用户或同类产品发起的交互，从而通知用户未知的上下文变化，并基于用户指令调整自身行为。

上下文智能性依赖于上下文数据，这些数据可以从与产品、用户和环境之间的直接接触中获取，也可以通过用户调查、产品评价、民族志观察和使用报告以及数据统计等间接方式获取。历史数据有助于上下文建模和挖掘，而实时数据有助于上下文匹配和学习。

生物启发式设计是智能产品实现上下文智能性的一种方法，例如，利用动物对野外各种风险因素的强烈意识来设计性能更优的自动驾驶汽车。一些生物系统能在极端条件下保持稳态或是通过互利共生关系实现协同，可以为具有严格边界条件的智能产品设计和智能产品的协同生态系统设计提供参考。

## （2）网络智能性

网络是指一组相互兼容的对象，如计算机和移动设备等，根据共同的通信协议连接在一起以交换信息和共享资源。互联网是一种人工网络，由计算机网络组成。另一种庞大的网络是社交网络，包括个人或企业等社会行为者。而物联网是由智能产品组成的互联物理物品网络。例如，智能手机、自动

驾驶车辆、共享单车、无人机和智能交通灯可以形成智能交通网络，即物联网的一种特殊类型。

在数字时代，各种人工网络趋向于合并成更大的复合网络。互联网和物联网可以通过信息物理系统和数字孪生等技术实现合并，给智能产品设计带来新的机遇和挑战。一方面，它使智能产品能从更多样化的渠道获取有关周围环境和相关服务的必要数据。这样做不仅可以给用户提供更准确和实时的信息，还可以省略传感器等多余的设备。例如，智能空调可以通过智能音箱直接从互联网上查询天气信息，而无须配备传感器。另一方面，网络合并的同时也会增加保护数据隐私和数据安全的复杂性。

网络智能性是指智能产品具备主动建立新网络或加入现有网络的能力，以便与同一网络中的其他智能产品交换信息和共享资源。与上下文智能类似，实现智能产品的网络智能性可以参考生物系统。例如，蜜蜂和蚂蚁的生态系统可以启发无人机和无人驾驶汽车的设计。

**（3）服务智能性**

智能产品涉及维护、维修、升级、回收、共享等多项增值服务，这些服务的主要目的是延长产品的生命周期。例如，维护服务可以恢复产品的功能、性能和可靠性；回收服务可以提高产品的可重复使用性和可持续性；升级服务可以提高产品与新软件的兼容性。在数字时代，服务在增强产品与客户互动和提供产品新功能方面也发挥着越来越重要的作用。传统上，产品的增值服务源于制造商的历史经验和客户需要。然而，通过大数据和机器学习，服务智能型产品应具备主动请求所需服务的能力。例如，产品维护范式正在从预防性维护演变为预测性

维护，更多地由数据驱动、条件触发和逻辑调节。

服务智能性可以定义为智能产品主动识别、请求和选择最相关的增值服务的能力，而不需要人工干预。产品服务智能性的有效性，或多或少取决于其上下文智能性和网络智能性。一方面，上下文智能性使智能产品能在特定环境中识别所需的服务，探测周围环境中可用的服务提供者，并根据给定的环境条件选择最佳服务。例如，自动驾驶电动汽车可以识别附近的充电站，以提供充电、维修和清洁等增值服务。另一方面，网络智能性使智能产品能从同一网络内具有互补能力的其他产品中获取服务。例如，自动驾驶汽车网络可以相互通信，以避免交通拥堵和潜在的碰撞。

服务智能性能促进产品和服务融合形成智能产品服务系统。在所有权上，服务相比实体产品更具包容性，因此更适合共享。在共享经济的大趋势下，越来越多的产品功能可以通过无形的服务来实现，如共享交通工具和共享空间。服务智能性使产品能以服务的形式向其他客户或同行产品提供附加功能，从而增强了智能产品的可持续性。通过主动请求维护和修理服务，不仅可以进一步延长产品的使用寿命，还能结合上下文智能，识别并纠正不可持续的产品或客户行为。

智能产品通过嵌入式技术和产品互联，实现了更复杂的功能和交互。相比传统实体产品，智能产品具备了感知、自主学习、决策和产品协作等能力，能满足更加实时和个性化的用户需求。目前，智能产品已经应用于智能医疗、智能家居、智能汽车等各领域，并且通过优化产品功能和性能实现了产品的可持续性，通过增强产品与用户的交互优化了用户体验。

# 2.2 数字化服务

服务设计是关于为人提供有用、可用、有效率和被需要的服务而进行的设计活动。服务设计是一种系统化的设计，其一般特征包括以用户为中心、共创、顺序性和可视化。

服务转型，是指从以产品为中心的销售过渡到以用户为中心的产品和服务的组合。数字化，指产业引入信息技术、软件产业和数字技术以实现网络化、智能化的转型过程。数字技术与服务转型密切相关，物联网和人工智能等技术可以加强甚至彻底改变传统服务的服务水平，使用数字技术开发或改进传统服务被称为数字化服务转型。物联网是数字化服务转型中最关键的技术，物联网支持收集和传输产品和系统的数据，从而实现对产品和系统远程的监测与控制。此外，数据分析和云计算等大数据技术也对服务的数字化转型具有推动作用。在服务转型的过程中，衍生出两种类型的服务。

电子服务被定义为基于网络的服务或在互联网上提供的交互式服务。由于电子服务中交换的主要价值是信息，电子服务又被称为信息服务；部分电子服务不需要接触人工服务，这类电子服务又可称为自助服务。因此，作为一种在线服务，电子服务整合了服务交付和营销传播。

数字化服务是智能服务系统的延伸概念，根据帕克拉（Pekkala）的定义，数字化服务是一种自主和自动化的技术系统与代理机构，在智能服务系统中与人员、技术和其他资源共同创造价值。数字化服务对人和环境具有增强、交互和驱动作用，如认知助手、机器人、聊天机器人、决策支持服务和远程控制服务等。

## 2.2.1 电子服务和数字化服务概念

在智能服务系统中，数字化服务可以作为与人和环境交互的"参与者"（图 2-5）。在数字化服务与个人的交互中（I2D/D2I），数字化服务可包括用于活动和健康监测的应用程序与服务、与他人互动通信的社交网络服务、个人发展相关的在线课程和辅导服务等。在数字化服务与社会组织的交互中（O2D/D2O），数字化服务可包括支持组织流程的云服务、数字化和自动化的运营或聊天机器人、软件机器人、自动化工厂和其他自动化自治系统。在数字化服务与其他数字化服务的交互中（D2D），合作型数字化服务互动可以执行更复杂的任务并实现共同目标，如认知助手通过多个数字化服务安排旅行；竞争型数字化服务互动可以主动寻找创造利益共赢的机会，如交易中的人工智能代理；自动化工作流通过配置制造、能源或物流服务来执行智能合同，如自动化机器和工厂、能源需求侧柔性和自动驾驶汽车。同时，在交互过程中，其余"参与者"同样能操控和影响数字服务的运营和发展。

综上所述，电子服务可以看作是数字化服务的基础，电子服务是数字化服务的初级阶段。电子服务利用信息技术将信息和数据保存在系统中，以信息数据支持服务。数字化服务在此基础上具备了处理分析信息和数据的能力，以信息数据驱动服务，从而为用户提供更丰富的服务内容和功能，如表 2-2 所示。

图 2-5 智能产品服务系统中的数字化服务

表 2-2 电子服务和数字化服务

| 范畴 | 作者（时间） | 概念界定 |
|---|---|---|
| 电子服务 | 罗利<br>（Rowley, 2006） | 电子服务是通过信息技术（包括网络、信息亭和移动设备）进行交付的一系列行为、工作和表现，包括电子零售、用户支持与服务（投诉处理）以及服务交付的各个环节 |
| | 塔赫杜斯特，等<br>（Taherdoost et al., 2012） | 电子服务是由互联网提供的基于网络的服务。在电子服务中，服务提供商与客户之间的互动全部或部分通过互联网进行 |
| | 霍法克，等<br>（Hofacke, 2007） | 电子服务是一种被存储为计算机算法并由网络软件执行的行为，能创造价值并为用户提供利益 |

续表

| 范畴 | 作者（时间） | 概念界定 |
|---|---|---|
| 数字化服务 | 帕卡拉，斯波勒<br>（Pakkala & Spohrer, 2019） | 数字化服务是一种自主和自动化的技术系统与代理机构。数字服务是完全由技术系统执行的一种服务，即完全自动化的服务。当用户调用基于数字信息、计算、通信和自动化技术的系统时，该系统作为服务提供商和用户间的中介，协同其他设备和设施为用户提供服务结果 |
| | 威廉姆斯，查特吉，罗西<br>（Williams, Chatterjee & Rossi, 2008） | 基于互联网协议，在数字交易中获得或部署的服务 |
| | 图那宁，莱迈斯特，伯曼<br>（Tuunanen, Leimeister & Böhmann, 2023） | 通过开发和实施信息通信技术的过程，将系统价值主张与客户价值驱动因素相结合，从而实现价值共创并减少价值冲突 |
| | 布坎南，麦克美恩<br>（Buchanan & McMene, 2012） | 数字化服务是通过数字交易访问或提供的服务或资源 |
| | 阿尔塔<br>（Alter, 2020） | 数字化服务是完全自动化的工作系统，由软件控制进行活动，产生或交付数字对象 |
| | 科塔马基，等<br>（Kohtamäki et al., 2021） | 数字化服务转型是向集成产品、服务和软件系统的智能解决方案的转变。强调通过产品、服务和软件之间的相互作用来创造价值 |

数字化服务设计涵盖了四个设计维度，分别是服务交付、可塑性、定价和资金、服务成熟度；三个设计目标，包括业务、交互和技术。由于数字交易的存在，数字化服务中的接触点增强了服务的可视性和交互性，因此数字化服务设计非常关注用户交互。在数字创新中，设计师需要开发新的知识以更好地满足用户需求；在数字化服务的设计过程中，需要考虑到众多与用户交互相关的因素，例如服务可见性、用户行为、共创等。同时，设计师可以更充分地运用新一代数字技术和用户反馈来进行设计和评估。例如，可以通过眼动追踪、鼠标追踪等在线实验来收集用户反馈。

根据数字化服务的概念，执行软件和数字对象是数字化服务的基础，服务系统的数字化程度取决于系统的自动化程度。新兴的数字化服务是互动和多维的，关联的系统是多层次和分布式的。面向数字化服务的有效分析和设计需要采用整体视角，因为除了技术考虑外，还需要考虑复杂的社会、经济、组织以及人体工程学的要求和关联。

## 2.2.2 数字化服务类型

数字技术在服务业得到广泛应用，新技术一直走在数字产业化的前沿。例如，媒体出版服务基于数字技术衍生出在线书店和电子订阅服务模式，如有声读物、电子文档和电子书。在视频服务领域，网飞（Netflix）流媒体播放平台的录像带自动售货机服务已经演变成流媒体服务。在住宿和酒店服务领域，手机、互联网和移动应用程序彻底改变了预订服务系统；银行支付服务已经从电话转账发展到自动柜员机账户转账、PayPal 支付、网上银行和手机银行支付。在教育服务领域，视频讲座和大规模在线开放课程已广泛普及。在医疗服务领域，出现了视频和远程治疗服务。数字化服务在发展的同时促进了消费者的参与，用户直接或间接参与价值创造活动中，扩展了服务内容并推动了新服务模式的发展。如今，通过实时收集客户行为数据等方式，

定制化的数字化服务正在迅速发展。

根据上述数字化服务的应用案例，数字化服务的发展可以根据数字技术和服务的结合程度和形式分为三个阶段。

数字化服务第一阶段是基于技术的服务，将技术与服务相结合应用于产品开发；第二阶段是基于网络的服务，将数字技术和网络技术相融合以提供服务；第三阶段是基于应用程序的服务，随着越来越多的客户使用和参与移动设备上的应用程序，目前基于应用程序的数字化服务已应用于各个领域。各阶段的特点如表 2-3 所示。

表 2-3　数字化服务类型和案例

| 数字化服务 | 基于技术的服务 | 基于网络的服务 | 基于应用程序的服务 |
| --- | --- | --- | --- |
| 新闻出版服务 | 书籍、有声读物 | Kindle、电子书 | 电子订阅服务 |
| 音乐服务 | 盒式磁带、CD、MD | MP3 发行 | iTunes |
| 视频服务 | 录像带、录像机 | 优酷 | 网飞公司 |
| 住宿预订服务 | 电话预订自动响应系统 | 网站预订 | 爱彼迎 App、Yanolja |
| 金融科技服务（银行服务） | 账户转账、自动取款机（ATM） | PayPal、网上银行 | 手机银行 |

### 2.2.2.1　基于技术的数字化服务设计

新兴的数字技术将有形的产品数字化或将其转换为可以在计算机上处理的数字信号，改变了传统的产品或服务交付方式。例如，存储数字音乐文件的光盘、微型数字光盘、数字播放器、数字盒式录像机、自动柜员机账户转账以及自动响应系统服务都尝试将新技术应用于服务。这种新的服务交付方式创造了新的用户价值，一些传统的接触式服务转变为非接触式的服务。

### 2.2.2.2　基于网络的数字化服务设计

基于网络的数字化服务设计将数字技术应用于提供在线服务，通过数据的实时收集和共享实现服务交付。在此阶段，服务提供商通过整合服务内容和行业特点建立开发相应服务模型。例如，音乐类的 MP3 发行，支持电子商务支付服务的 PayPal，在旅游和酒店行业中具有在线预订和订单服务的 Expedia，能分享视频内容和在线直播的优酷，米斯特比萨（Mr. Pizza）将点餐系统从电话扩展到线上，

提高了服务质量和效率。

### 2.2.2.3 基于应用程序的数字化服务设计

数字技术与服务业加速融合，出现了一种结合服务和应用程序的新服务模式，许多基于应用程序的创新服务在住宿、金融科技、视频流、游戏和音乐领域出现并迅速传播。在整个行业的服务交付范式发生转变的同时，服务提供商也开始重视非接触式服务交付。随着各种服务平台的发展，全球用户都能随时随地参与服务运营过程中。

## 2.2.3 数字化服务特征

数字化服务兼具产品和服务相关的特征，这意味着数字化服务可以兼具产品和服务的价值。数字化服务的概念可由四个基本特征表示：无形性、不变性、低接触性、可扩展性。

### 2.2.3.1 无形性

数字化服务是活动而非有形物品，在本质上不涉及物质性的单位交换，即数字化服务在交付过程中没有有形的实体产品，具有"无形性"的特征。

"无形性"在广义上被视为一个单一维度特征，指无法看见、尝到、触摸、听到或闻到，而拉罗什（Laroche）认为无形性可分为三个维度：物理无形性、概括性和心理无形性。物理无形性指的是产品无法通过感官接触的程度；概括性表示准确定义或描述特定产品的难度；心理无形性指的是产品无法使用户产生内心感受和想象。

因此，与传统服务不同，数字化服务虽然体现出物理无形性，但网络本身为数字化服务创造了一个环境，提供了关于服务质量的线索和提示，以及

对数字化服务内容和特点的明确展示和描述，包括视频、图片、幻灯片等，使数字化服务具有一定程度的"有形性"。例如，数字环境中环境线索能对顾客感知质量产生作用，有助于用户对数字化服务形成初步的感知、态度和意图，被称为"数字资产"或"视觉有形物"；服务场景代表了在服务交互过程中能形成用户感知的视觉指南，属于"心理有形性"。因此，数字服务的"有形性"体现在塑造客户感知和态度。

### 2.2.3.2 不变性

数字化服务具有"不变性"特征指数字化服务可以实现服务质量和内容的标准化，而且相比传统服务，数字化服务降低了服务质量的不确定性，实现标准化的手段更加方便。

在大部分数字化服务中，用户接触时间、服务创建时间和质量都具有高度一致性。同时，服务提供商提供了具有高度可用性和完整功能的服务水平协议。此外，数字化服务可以提前交付，并在交付前进行质量检查，使用户对服务质量的感知更一致。

### 2.2.3.3 低接触性

传统服务的重点是提供面对面的服务，即接触式的服务；而数字化服务中嵌入了信息和数字技术，以应用程序界面为中介与用户进行交互，服务提供商与用户之间进行匿名交流，即"低接触"服务。

数字化服务的远程性和匿名性意味着与"高接触"的传统服务相比，服务提供商需要更多地考虑如何增加用户信任，可能需要通过数字媒介实现更多的人际互动。例如，通过实时聊天组件等方式增加人际接触，以提供更好的客户服务。服务提供商

和用户之间的"低接触"也意味着无论用户所处的位置，服务提供商和用户都可以提供和接受服务，使得服务交付在本质上与位置无关，从而使服务提供商能在任何时间地点为无限数量的用户提供服务，在很大程度上扩大了服务的规模。

#### 2.2.3.4　可扩展性

数字化服务的"可扩展性"指持续增加供给以匹配持续增加的用户及其需求，可扩展性是数字化服务和传统服务显著的不同点。在传统服务中，增加供给通常比较昂贵，速度较慢，并且需要更多地关注招聘和管理等人力问题。而数字化服务作为已经配置好的系统，能根据真实的用户需求进行扩展，例如，当今天有 10 个用户使用产品而明天有 100 个客户开始使用产品时，服务提供商不需要为提高服务供给量而采取额外的行动。

数字化服务的"可扩展性"给服务提供商带来了更高的经济效益。相较于传统服务需要消耗的顾客接触时间（人工服务工作人员的工作时间），数字化服务中的服务创造时间（计算机处理的时间）显著提升了服务效率。

电子服务侧重于通过信息技术媒介进行价值交付，它利用互联网和移动设备等电子渠道，将服务的实施、提供和交付与技术相结合，实现了更加快速便捷的信息交付。而数字化服务更侧重于通过数字技术提供的各种服务形式，作为服务转型的新兴阶段，数字化服务利用数字技术以及互联网等信息和通信技术，将传统服务转化为在线、智能化、实时响应且个性化的服务，在娱乐、医疗和教育等行业具有广阔的应用潜力。

在数字化服务设计中，用户及其偏好是开发创新解决方案的关键，应坚持以用户、使用、实用为中心的原则：将用户需求作为开发和提供新产品和服务的基础；考虑服务的可用性和用户体验；分析为各利益相关者提供不同价值的重要性。

# 2.3 智能产品服务系统

产品服务系统是一个包括了产品设计与服务设计的策略问题解决系统，旨在整合基于新的组织形式、角色重构、用户和其他利益相关者的需求与资源，通过产品、服务与系统的设计，实现利益相关者价值最大化，延长产品服务生命周期，达成对环境的影响最小化。

大数据时代，信息和通信技术的新发展将产品服务系统提升到一个新的水平，将智能产品融入产品服务系统，催生了智能产品服务系统。因此，智能产品服务系统是指将智能产品和数字化服务集成，以满足用户个性化需求的系统化解决方案。

智能产品服务系统之所以"智能"，是因为其具有智能产品的一些特征，例如将数据转化为知识，帮助消费者更有效地执行任务。这些特征使其能感知隐含的用户需求，并在用户服务方面实现突破性创新。此外，智能产品服务系统的"智能"还体现在利用微芯片、软件和传感器等信息通信技术，使系统中的产品或服务能连接、收集和处理信息。在智能产品服务系统中，嵌入在产品中的信息和通信技术至关重要，因为它促进了相关信息的生成和传输，并指导服务提供商围绕产品创建数字化服务，如图2-6所示。因此，智能产品和智能产品与服务

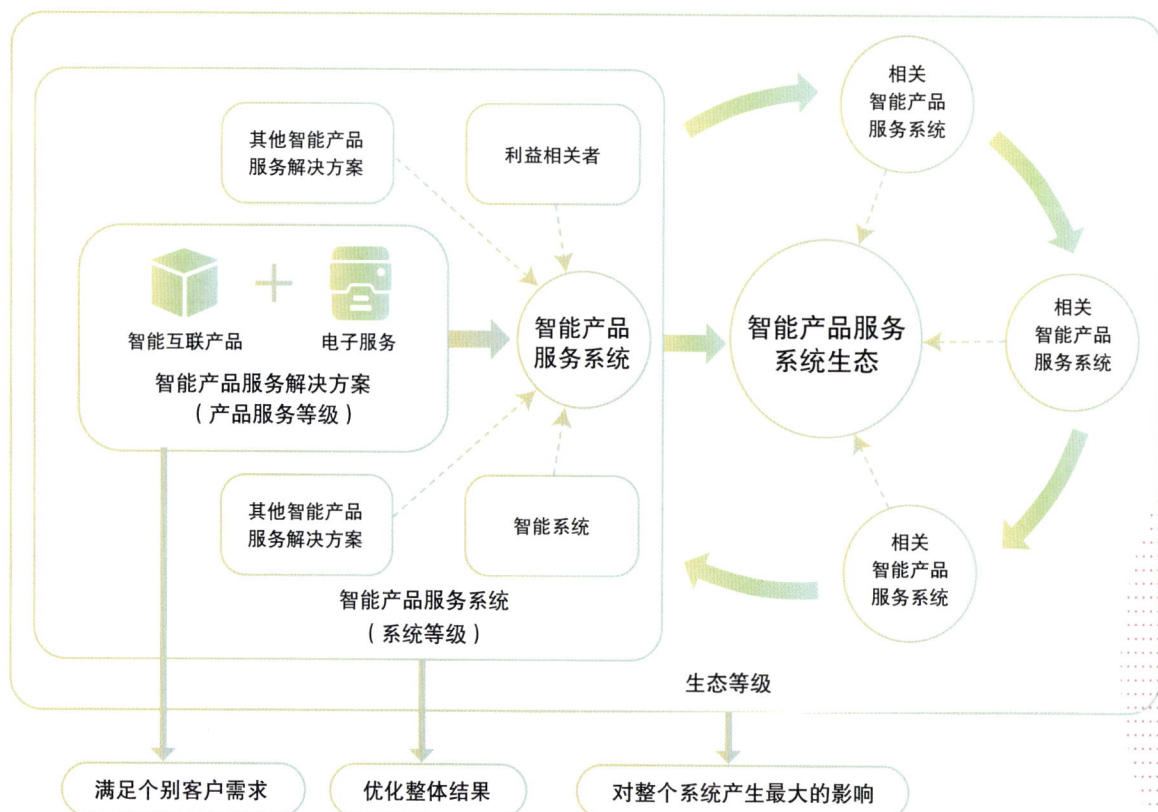

图2-6 智能产品服务系统范围

系统之间的一个重要区别在于，后者将数字化的服务与产品整合在一起，共同满足消费者的需求。同时，智能产品与数字化服务的整合也为设计师带来了一系列机遇，通过实施新的互动方式或接触点加强消费者与服务提供商之间的关系。例如，一款社区共享洗衣系统——Laundry View 将洗衣机与互联网连接，使洗衣店的消费者能检查洗衣机的可用情况并接收通知。此外，消费者还可以向服务提供商报告问题或提出建议。因此，Laundry View 成为提供商与个体消费者之间的沟通渠道，通过便利消费者在合适的时机前往洗衣店等方式提升了消费体验。

### 2.3.1　智能产品服务系统概念

智能产品服务系统作为数字化服务化时代一种新兴产品服务系统模式，被描述为一种由信息技术驱动的价值共同创造商业战略，通过将智能、互联产品及其产生的数字和电子服务集成到一个单一的解决方案中，以可持续的方式满足用户的个性化需求。智能产品服务系统相关概念如表 2-4 所示。

表 2-4　智能产品服务系统概念

| 作者（时间） | 概念界定 |
| --- | --- |
| 瓦伦西亚，等（Valencia et al., 2015） | 将智能产品和电子服务整合到需要交付给市场的单一解决方案中，以满足个体消费者的需求 |
| 库伦克特，等（Kuhlenkötter et al., 2017） | 智能产品服务系统是一个基于数字的价值创造生态系统，其特点是利益相关者之间的高度复杂性、动态性和相互联系性 |
| 郑湃，等（Zheng et al., 2018） | 智能产品服务系统是一种以信息技术为驱动力的价值共创商业战略，它以各利益相关者为参与者，以智能系统为基础设施，以智能互联产品为媒介和工具，以产品提供的电子服务作为关键价值，不断以可持续的方式满足用户的个体需求 |
| 明新国，等（Ming et al., 2017） | 智能产品服务系统是一个平台服务生态圈，平台由智能产品和智能服务组成，多个服务体系构成一个服务生态 |
| 勒奇，戈奇（Lerch & Gotsch, 2015） | 制造商不仅向用户提供复杂的产品服务系统，还将信息通信技术解决方案作为产品服务组合的一部分，创建智能、独立的操作系统，以实现尽可能高的可用性并优化运营，同时减少资源投入 |
| 皮罗拉，等（Pirola et al., 2020） | 智能产品服务型系统是在生态系统中提供的数字化解决方案，通过将智能产品与数据驱动的服务整合，借助物理和数字基础设施，为用户提供经济且可持续的价值 |
| 周志荣（Chou, 2021） | 智能产品服务系统设计可以被视为信息物理产品（Cyber-Physical Products, CPP），作为一种物理产品，它通过内置或外部网络连接设备提供信息通信技术服务，允许用户在其使用阶段使用产品并传达信息，以获得额外的服务支持 |
| 乔杜里，哈夫托，帕什凯维奇（Chowdhury, Haftor & Pashkevich, 2018） | 智能技术是可编程、可寻址、可感知、可通信、可记忆、可追溯和可关联的技术，通过智能技术实现的产品服务系统被称为智能产品服务系统 |

因此，与传统的产品服务不同：①智能产品服务系统的设计过程起始于生命周期的初期，其开发可以看作是一个闭环的价值生成过程，包括了正向设计和逆向设计过程；②通过高保真建模和不同来源的海量数据同步，能很容易地建立组件、模块和产品的数字孪生，以更经济有效的方式支持智能产品服务系统设计；③在先进的信息通信技术的支持下，用户积极参与设计中的价值共创过程，通过用户体验推动设计创新；④人工智能在基于先进机器智能（如人群感知）或人类智能（如众包）的智能设计决策中起着至关重要的作用，探索人工智能和智能产品服务系统的整合方式也至关重要。

综上，智能产品服务系统作为一种能根据接收、传输或处理的数据进行学习、动态适应和决策的系统，可以改善其对未来情况的响应，具有资源整合边界对象的作用。

### 2.3.2    智能产品服务系统类型

智能产品服务系统整合了高度数字化的产品与以用户服务为导向的业务流程及相关服务。因此，数字功能是智能产品服务系统与传统产品服务系统最明显的区别之一。智能产品服务系统功能的数字功能可分为三类（图2-7）：①智能功能，通过嵌入式系统和传感器使硬件元件具有感知和捕获信息的能力，以捕获数据并对其环境作出反应；②互联功能，通过物联网技术和无线通信实现产品和服务互联，服务提供商能收集数据并利用云计算提高处理能力，多个设备之间能进行互动；③分析功能，通过诸如大数据分析、数字孪生和人工智能等技术，将部署的智能连接产品产生的数据转化为对企业有价值的见解和可操作的指导。

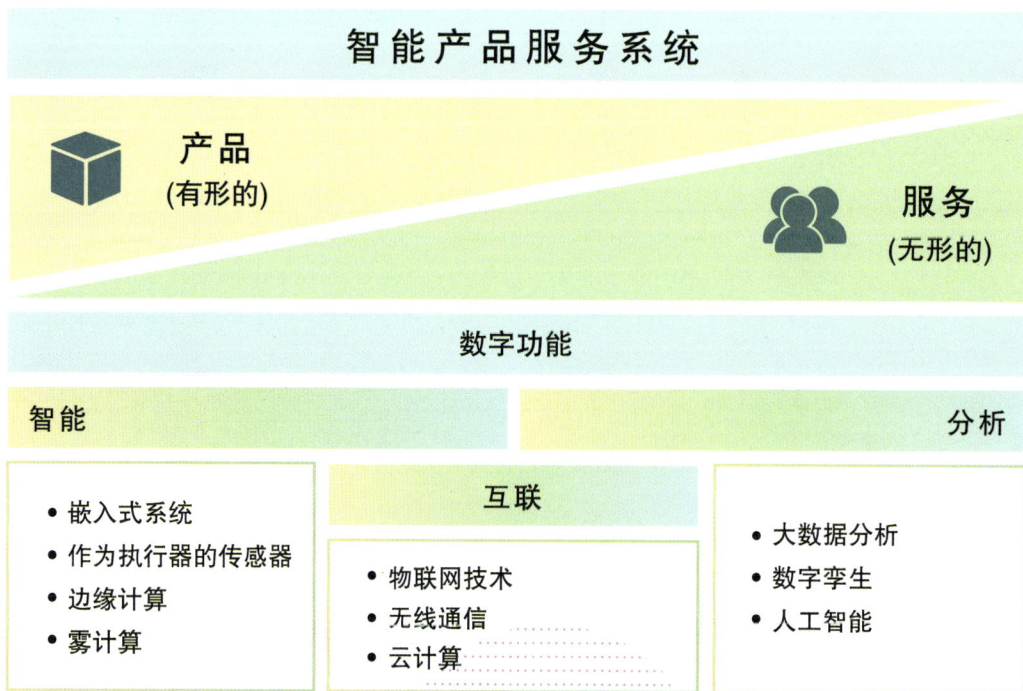

图 2-7    智能产品服务系统的三类数字功能

　　然而，智能产品服务系统设计仍然共享传统产品服务系统设计的核心业务基础，根据图克（Tukker）的研究，可分为三种类型：以产品为导向的设计，以使用为导向的设计和以结果为导向的设计，如图 2-8 所示。

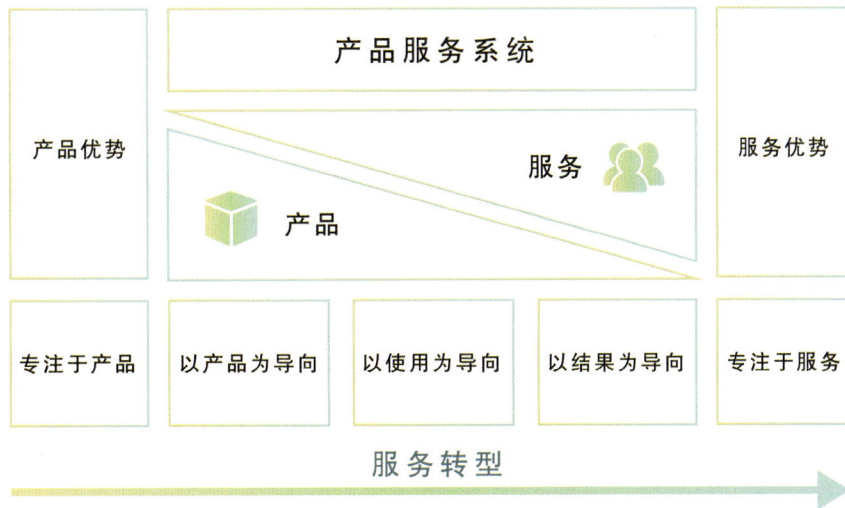

图 2-8　智能产品服务系统类型

### 2.3.2.1　以产品为导向的智能产品服务系统

　　以产品为导向的智能产品服务系统是指以产品为主体，并辅以服务的提供方式。提供商出售有形产品并转移其所有权，额外的服务用于保证产品的功能和耐用性。以产品为导向意味着使用传统服务，为产品体验附加的价值有限。例如，购买笔记本电脑可能包括维修、更换零件等的保证，但保证是电子产品的品质标准，很少影响产品的使用价值。

　　在产品导向类别中细分了两种不同类型的智能产品服务系统：产品相关、咨询建议。其主要的区别在智能产品服务系统关注的焦点不同。

　　产品相关：供货商销售产品，在产品使用过程中需要相关的服务，意味着依据相关合约，提供整个产品生命周期中的备件与耗材、产品检验、修理、运输、现场安装、翻新、清洗、更新与反馈。

　　咨询建议：针对销售的产品，供应商提出建议，以实现其有效性，包括基于知识的服务，如文档、咨询台或热线服务、产品使用培训、产品选择咨询、开发团队的培训与咨询以及组织与改进管理过程所需要的技术与能力。

### 2.3.2.2　以使用为导向的智能产品服务系统

　　在以使用为导向的智能产品服务系统是产品和结果具有同等重要性的服务，目标是确保产品的最大可用性。提供商销售特定产品的访问权而非所有权，从而最大限度地利用产品并延长其使用寿命。

　　使用导向的智能产品服务系统包括了产品长期租赁、短期租赁和产品共用三种类型。

　　长期租赁：产品没有转移所有权。供应商拥有产品所有权，并经常负责维护、修理和控制。承租人支付产品有限或无限使用期间的租赁费用。

短期租赁：产品通常由供应商所拥有。用户支付使用此产品的费用。通过租赁服务，产品可以在有限的时间内被用户使用，而在短期租赁解决方案中，产品被不同的用户按顺序依次使用。

产品共用：这与产品共享概念相近。产品共用方法是指不同的顾客同时使用同一个产品。产品共享与产品共用均可以减少产品对环境的影响。所有这些产品服务系统可根据不同的需求提供短期到长期不等的共用服务。

### 2.3.2.3  以结果为导向的智能产品服务系统

以结果为导向的智能产品服务系统专注于销售的是结果或能力，而不是有形的产品。产品在解决方案的交付方式中作用较小，提供商为用户提供解决方案的获取方式，用户通常需要自己确定解决方案。

结果导向类别的智能产品服务系统有三个类型：活动策划、服务收费、功能结果。

活动策划：公司的活动由第三方外包。大多数外包合同包括性能指标，以控制外包服务的质量，它们被归类为结果导向的服务。但是，活动进行的方式并没有发生显著的变化。

服务收费：这种类型包括许多经典的产品服务系统案例。产品服务系统以相当普遍的产品为基础，但是用户不再购买产品，其产品的输出就建立在使用层面上。这种类型的众所周知的案例包括了大多数复印机生产商采用的按单打印的方式，以此方式，复印机生产商负责了在办公室中的所有复印业务。

功能结果：这种形式产品服务系统的典型例子是相关公司提供的是一种特殊的"愉快体验"，而不是某种设备。

以上智能产品服务系统类型中，产品的属性逐渐减少，而服务的属性逐渐增加。通常，客户的需求很难转化为具体量化指标，这使供应商较难确定他们应该供应什么。此智能产品服务系统类型细分可帮助企业清晰自身的服务智能定位，以为用户提供合理的产品或服务。

### 2.3.3  智能产品服务系统特征

里斯迪克（Rijsdijk）和霍廷克（Hultink）认为产品的智能性取决于它具备以下特征的程度：自主性、适应性、反应性、多功能性、与其他设备通信合作的能力、产品具有类人交互以及个性。瓦伦西亚在此基础上确定了智能产品服务系统的七个相互关联的特征（表2-5）。

表2-5  智能产品服务系统特征和案例

| 特征 | 描述 | 案例 |
|---|---|---|
| 用户赋权 | 使用户能根据个人情况进行决策：向用户提供反馈，包括产品数据信息、产品或服务状态、购买前关于产品或服务功能的信息，或者为用户提供选择权 | ①通过可视化图表使用户可以跟踪智能产品服务系统发展过程<br>②使用时间预估来提醒用户关于智能产品服务系统可用性或使用地图来显示位置<br>③产品或服务说明和（或）用户评论<br>④提供扩充程序库供用户自由探索 |

续表

| 特征 | 描述 | 案例 |
|------|------|------|
| 个性化服务 | 为用户提供个人服务使其感到被尊重 | ①用户身份识别<br>②利用数字服务场景与用户进行直接沟通<br>③在与用户沟通时使用人性化的语气 |
| 社区感受 | 便于用户之间进行沟通交流 | 启用社交媒体平台,如博客或电子邮件等,以分享内容或信息 |
| 服务参与 | 能促进用户和服务提供商之间的定期性互动 | ①鼓励用户每天或每周参与游戏策略制定<br>②通过更换智能产品服务系统的内容,更新用户体验 |
| 产品所有权 | 智能产品服务系统确定了后续维护的负责人 | ①租赁产品<br>②用户个人所属产品<br>③共享产品(例如,共享汽车) |
| 个人或共享体验 | 通过智能产品服务系统实现和其他用户的共享体验 | 鼓励消费者同时使用智能产品服务系统的同时共享体验(例如,游戏) |
| 持续升级 | 推进系统的更新换代,或者维护智能产品服务系统和保持其用户感知价值 | ①定期推出新的内容、功能<br>②向独立开发者开放系统,以便围绕智能产品创建功能、服务<br>③为消费者提供工具便于进一步开发 |

### 2.3.3.1 用户赋权

智能产品服务系统通过提供必要工具,使用户能按照自己的方式做出决策或采取行动,从而为用户赋权。智能产品服务系统中有两个主要的赋权渠道:向用户提供反馈和使用户能自主选择。反馈是用户用来评估具体情况并采取相应行动的相关信息,智能产品服务系统能根据自身功能为用户提供不同类型的反馈。

智能产品服务系统使用户能在特定时间测量和获取个人使用数据。由于这些信息通常存储在线上,服务提供商可以访问与用户状态和活动相关的重要数据并创建数据的个性化概览,使用户能随时间推移追踪自己的进展。同时,这些个性化数据被转化为图表、图示和其他易于理解的形式,以便用户能轻松理解。这种类型的反馈通常与帮助实现目标的智能产品服务系统设计相关,例如,无线网络智能体重秤会在秤的屏幕上实时显示用户的体重和身体质量指数,并将这些测量结果自动发送到一个网站门户,生成形象的图表,提供长期反馈。这些信息赋予用户清晰的认知,减重的用户可以利用这些反馈了解他们的饮食习惯对实现目标的影响。

智能产品服务系统除了能跟踪用户在活动中的进展,还使用户追踪产品的状态,包括产品的可用性和位置等。例如,Laundry View 可以让用户查看洗衣房中某台洗衣机的可用性,通过帮助用户掌控流程,使其能在洗衣机可用时再去使用,从而赋予用户更多控制权。

智能产品服务系统通过在购买前提供有关产品

功能或内容的相关信息来提供反馈，从而赋予用户做出购买决策的能力。例如，智能手机和应用商店平台提供应用程序的描述、图片和免费试用，并允许用户评价应用的体验。

智能产品服务系统可以使用户自主选择并获得符合个人需求的体验。例如，亚马逊的 Kindle 电子书阅读器，用户可以用它阅读、购买和存储电子书、电子杂志、网络新闻和游戏。由于 Kindle 提供了广泛的选择，用户可以选择符合自己需求和喜好的内容。此外，智能产品服务系统赋予用户自主选择的能力与服务的可用性密切相关，即用户可以随时访问并且始终可用。

赋权设计通过自主解决问题和共创使用户在传统产品的设计中具有权威感，电子服务和基于技术的自助服务选项使用户具有控制感。智能产品服务系统设计需要探索新的方式，整合产品和服务的不同特点，以促进用户赋能并影响用户感知。

### 2.3.3.2  个性化服务

智能产品服务系统以用户个体为中心，以不同的方式为用户提供个性化服务。

智能产品服务系统可以通过账户识别用户身份，并支持服务提供商和用户之间的双向交流，从而使服务提供商可以收集特定数据并根据用户需求定制更个性化的解决方案。例如，Green Wheels 租车系统为消费者提供了特定时间段的汽车租赁服务。用户在注册后可以获得个人电子卡和个人识别号码，以便使用车辆。由于 Green Wheels 掌握用户的位置和需求等个人信息，使其能相应地为用户调整个性化的服务。

智能产品服务系统可以利用虚拟服务场景与用户进行通信。服务场景是服务提供商和用户之间发生交互的环境，环境的组成元素能促进交互并影响用户体验。虚拟服务场景是实施用户个性化策略的重要接触点，用户可以通过网站或产品访问虚拟服务场景。例如，用户可以通过电子阅读器直接访问 Kindle 商店购买的电子书等，也可以通过互联网在计算机访问这些内容。由于用户通过个人账户身份识别，因此购买的内容将链接到唯一识别用户，在所有虚拟服务场景进行存储和自动同步。在一般情况下，虚拟服务环境是用户与提供商沟通的唯一方式，是智能产品服务系统设计的关注点。

智能产品服务系统可以根据用户的个性化需要和设计目标，相应地为用户提供类人的交互或人工服务。例如，飞利浦 Lifeline 专为老年人提供医疗警报服务。在紧急情况下，用户可以使用生命线项圈上的按钮触发系统，系统会自动拨打飞利浦紧急呼叫中心。然后，飞利浦代表通过对讲机与消费者进行沟通和评估情况，在需要时派遣医疗救援。

由于智能产品服务系统中的产品是用户体验的核心，设计师能通过产品的物理特性来加强服务的个性化价值。服务和产品整合的一致性可以影响用户对产品产生积极的态度。因此，设计师应该与其他重要的利益相关者合作开发智能产品服务系统，确保将正确的价值传达给用户。

### 2.3.3.3  社区感受

社区感受指智能产品服务系统能促进用户之间的沟通，用户通过社交媒体相互反馈，分享和交换有关智能产品服务系统的信息，如个人看法和体验。智能产品服务中的社交媒体包括用户的评估和评级、社交网络的连接和信息分享以及电子邮件信息分享等。例如，Wattcher 是一种帮助用户了解家庭能源消耗的智能产品服务系统，该服务提供了一个网站，用户可以在其中相互交流，比较测量数据，并分享实现节能目标的方式。因此，设计师需要意识到社交媒体在智能产品服务系统中的重要作用，确定用户对这类沟通渠道的需求情况及其为用户创造价值的方式。

智能产品服务系统还能促进服务提供商和用户之间的沟通，互联网促进了口碑的快速传播，公司对用户意见的控制力减弱，这可能对市场产品的销售产生负面影响。例如，用户迅速传播负面意见可能导致市场产品的推广速度缓慢。然而，公司也可以通过社交媒体吸引用户、与用户直接沟通、提供针对性的产品信息以及塑造和调控用户对产品的意见。由于社交媒体还支持服务提供商和用户之间的双向沟通，通过建立社区感受，为用户提供更加个性化的服务；因此，设计师还需要考虑服务提供商和用户互动的接触点和方式。

### 2.3.3.4　服务参与

服务参与是用户与服务提供商之间的关系性质。智能产品服务系统促进了提供商和用户之间的循环互动，这种反复持续的双向互动加强了产品、服务和用户之间的联系，有助于服务提供商加深对用户的了解并为用户提供更有针对性的解决方案。例如，Kindle 的用户能多次阅读和购买电子内容并参与用户评价，每当用户访问 Kindle 时，亚马逊都可以注册、跟踪用户的偏好并提供更加个性化的内容。相比之下，传统的产品服务系统专注于为用户提供特定阶段的服务，在产品使用过程中，用户与服务提供商间没有持续的互动和联系。此外，由于产品中没有嵌入信息与通信技术，无法将产品与服务连接，其他类型的产品服务系统更容易受到市场替代的影响。

促进用户和服务提供商间持续互动的一种常用方法是为智能产品服务系统添加新内容，以更新用户对智能产品服务系统的体验。例如，iMarker 是一款可与 iPad 中的应用程序结合使用的数字笔，用户可以选择不同的图纸、笔触和纹理。由于应用程序会定期更新，因此消费者可以获取新的图纸等。

设计师需要确定服务提供商与用户理想的服务参与程度，从而开发智能产品服务系统的框架，使产品和服务特性保持平衡，使服务提供商和用户间保持适度且恰当的互动。

### 2.3.3.5　产品所有权

智能产品服务系统的产品所有权特征受到其商业模式的影响，智能产品服务系统的产品所有权可以归用户或提供商所有。

当用户具有智能产品服务系统中的有形产品的所有权时，为了保证智能产品服务系统功能的可用性，用户有责任维护产品，包括安装由服务提供商开发的软件更新。在智能产品服务系统中，用户购买产品是为了获得服务并从中获得价值，有产品可让用户无限制地访问智能产品服务系统，除非受到其他商业模式相关方面的限制，例如访问服务的月费。

当智能产品服务系统的提供商具有智能产品服务系统中的有形产品的所有权时，供应商需要负责产品的维护和功能，但用户对产品服务系统的使用有许多限定，通常是限制在特定时间段内，用户需要与服务提供商进行互动，以获得对有形产品的访问权。

### 2.3.3.6  个人或共享体验

个人或共享体验涉及用户间共享智能产品服务系统体验的程度，部分智能产品服务系统为用户提供了共享体验，并且不同的智能产品服务系统提供的共享体验程度不同。例如，Direct Life 由用户拥有并由个人使用和体验，而 Nike+ 运动平台则为用户提供了游戏化的竞争机制，在用户之间创造了一种共享的使用体验。

共享类型的智能产品服务系统不一定能提供共享体验，部分智能产品服务系统由不同的用户共享，而体验在很大程度上是个人的。例如，Green Wheels 的汽车可以由不同的用户按顺序共享使用，但用户对系统的体验仍然是个人的。而在 Laundry View 中，用户与他人共享洗衣设施，用户体验可能受到用户间互动的影响。

设计人员应该确定用户所需的共享体验水平。例如，在设计共享体验时，设计师可能需要考虑支持产品互联的技术特征或者控制可能影响用户个人或共享体验的环境因素。同样，设计师需要关注产品个人体验所涉及的各个方面。例如，对于由个人拥有和体验的智能产品服务系统，用户对其产品美学具有一定的个人要求，比如表达个人身份或融入社会群体；或者，为共享的智能产品服务系统设计体验，可能需要对产品的美学进行更全面的考虑，将设计师的重点转向通过智能产品服务系统的服务为消费者创造独特性和个性。对于共享的智能产品服务系统，可能需要更加通用的产品美学，将关注点转向通过服务为用户创造独特性和个性。

### 2.3.3.7  持续升级

智能产品服务系统可以随着时间的推移不断调整或改变其价值主张。从用户体验的角度来看，智能产品服务系统持续升级的目标是满足不断变化的市场需求，从而保持用户与智能产品服务系统的持续互动。此外，通过使智能产品服务系统与用户需求间保持相关性，还可以延续用户对系统的价值感知。

为了实现智能产品服务系统的持续增长，公司可以通过电子服务定期引入新的内容或功能。例如，亚马逊的 Kindle 通过引入新的书籍或游戏以扩展其内容，还通过扩展产品和软件功能实现了系统升级，早期的 Kindle 只能通过 Kindle 设备阅读电子书，如今的 Kindle 已经扩展了其功能，允许消费者通过多个接触点阅读电子书。

此外，智能产品服务系统的开发公司还可以向其他公司或个人开放系统的使用和开发权限。例如，智能手机和移动设备允许独立的开发人员创建应用程序，并通过其数字服务平台进行发布；或者向用户开放系统，使用户通过共创增加其对智能产品服务系统的拥有感。

由于智能产品服务系统处于不断变化的状态，智能产品服务系统的设计周期延长。当智能产品服务系统中引入新内容或新功能时，用户的看法和建议可以指导系统的进一步调整和发展。此外，系统的持续升级通常通过电子服务实现，从而减少了改进系统所需的资源量。

智能产品服务系统将智能产品和数字化服务整合到一个解决方案中，以更可持续的方式满足用户的个性化需求，并为设计的开发和调整提供支持。同时，新技术的应用及其导致的一系列变化可能给设计师带来新的机会和挑战。本节梳理了智能产品服务系统设计概念、类型与特征，通过相关案例说明设计机会点，旨在为智能产品服务系统开发相关人员提供参考。

# 3

## 第 3 章

# 流程、方法与工具

扫码查看本章
教学安排

# 3.1　设计流程

### 3.1.1　双钻石模型设计流程

每一个设计专业均有不同的方法和工作模式，但也有一些共性的创作过程。英国设计委员会发现跨学科的设计人员有着相似的方法来从事设计工作，该委员会设计了"双钻石"方法模型（图3-1）。

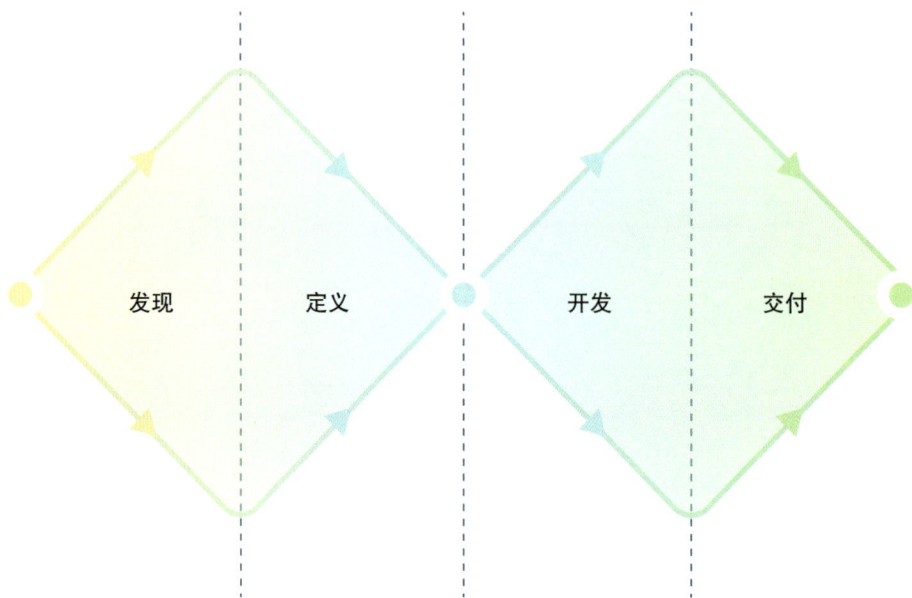

图 3-1　双钻石设计方法流程

这个设计方法模型分为四个阶段：发现、定义、开发和交付。该双钻石设计模型是一个设计过程的简洁可视化图。

设计师创作过程中，在得出最理想的设计概念之前，总会有大量设计想法产生，这可以用一个钻石模型表示。但双钻石模型表示这种情况发生了两次：一次是确认问题的定义，另一次是创建解决方案。设计师经常存在的问题是省略"问题定义"的钻石模型，直接得出了不正确的"解决方案"。

为了得到最理想的设计概念，创意设计过程是迭代的。这意味着概念产生测试和改进需要经过多次，并可能出现不断的重复过程，才能将不完善的想法去除。迭代过程是一个好的设计产生的重要组成部分。

通过双钻石设计方法模型的四个阶段，我们可以将设计研究方法如民族志、焦点访谈等串联起来，整体驱动一个完整的设计项目。

发现：双钻石设计模型的第一个阶段是项目开始。设计师尝试用一种全新方式来发现用户周边的生活，观察身边细节，并收集问题。

定义：第二个阶段是设计定义阶段。设计师们试图理解并定义在第一阶段所发现的所有问题，并整理出最重要的是什么，应该先做什么，什么最可行。

目标是制订一个清晰的创意思路框架图。

开发：第三个阶段是开发阶段。该阶段初步提出解决方案或概念，包括建模、原型制作、测试。这个过程帮助设计人员改进和完善自己的设计想法。

交付：双钻石模型的第四个阶段是交付阶段。其产生的项目(如产品、服务)已完成生产，并推向市场。

尽管创作过程很复杂，但以上四个阶段指南可以为设计专业学生及从业人员提供一个清晰的思路。

## 3.1.2　闭环设计流程

闭环设计是智能产品服务系统设计的特征，因为智能产品服务系统的设计不局限于设计开发阶段，而是以更全面的方式扩展到产品生命周期的所有阶段。此外，根据瓦伦西亚等人对智能产品服务系统的定义，智能产品服务系统开发人员应该为智能产品服务系统的终身优化做好准备。智能产品服务系统的设计方法不仅需要帮助利益相关者完成从零开始的创建，还需要在使用阶段对产品或服务进行实时的升级或修改。

因此，智能产品服务系统的闭环设计流程包括四个阶段( 图 3-2 )：需求分析、创新设计、设计评估、设计迭代。闭环设计强调将创新设计和迭代设计过程整合到系统开发中，以延长系统的使用寿命。

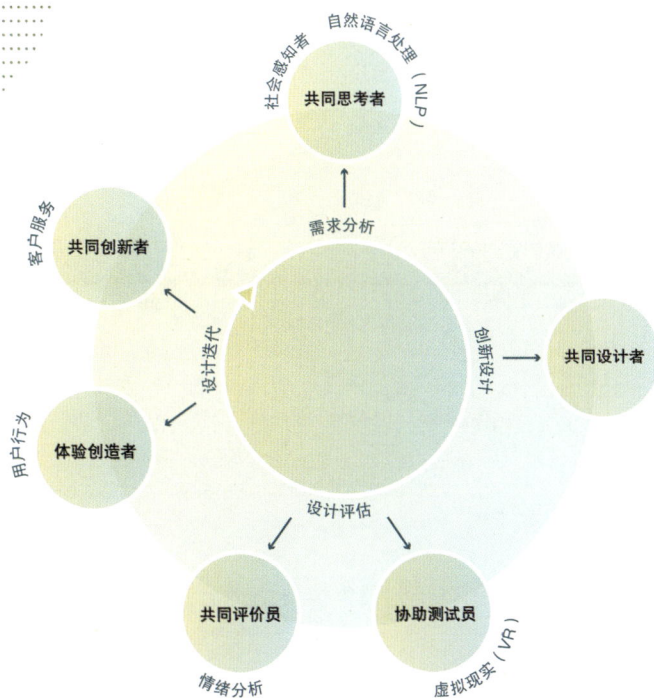

图 3-2　闭环设计流程

需求分析：该阶段需要识别、收集和分析用户需求。在此阶段，用户可能需要参与共创思考。在服务设计中，已有研究通过自动识别用户需求来实现共创。例如，通过处理以自然语言描述的用户体验，如果需求分析中包括对行为和感知因素的分析，用户也可以作为社会体验感知者参与设计。

创新设计：该阶段更加关注新原型的生成。可以使用一些设计方法通过设计共创输出满足用户需求的创新解决方案。

设计评估：智能产品服务系统的评估应考虑不同的角度，包括可持续性方面、价值主张和客户价值，通过共同评价员、协助测试员等实现多维评估。

设计迭代：这个阶段代表了智能产品服务系统的迭代和自适应特性。在这个阶段，服务模型或产品可以根据特定的上下文自动调整和优化，通过体验创造者、共同创新者实现了智能产品服务系统的个性化定制。

### 3.1.3　魟鱼模型设计流程

在大数据时代，生成式人工智能的爆发式出现意味着创新的成功不仅仅取决于人类的思维，人工智能在生成解决方案、综合消费者需求和满足更广泛的社会需求方面具有效率优势，由此在双钻石模型的基础上衍生出了人工智能驱动下的魟鱼设计模型，它通过在过程的早期阶段提供实际的、经过验证的解决方案，帮助设计团队设定更明确的目标、处理更艰巨的挑战、更快地找到问题和解决方案、消除不必要的步骤、更有效地分配资源、将实验放在同理心之上并克服人类偏见（图 3-3）。

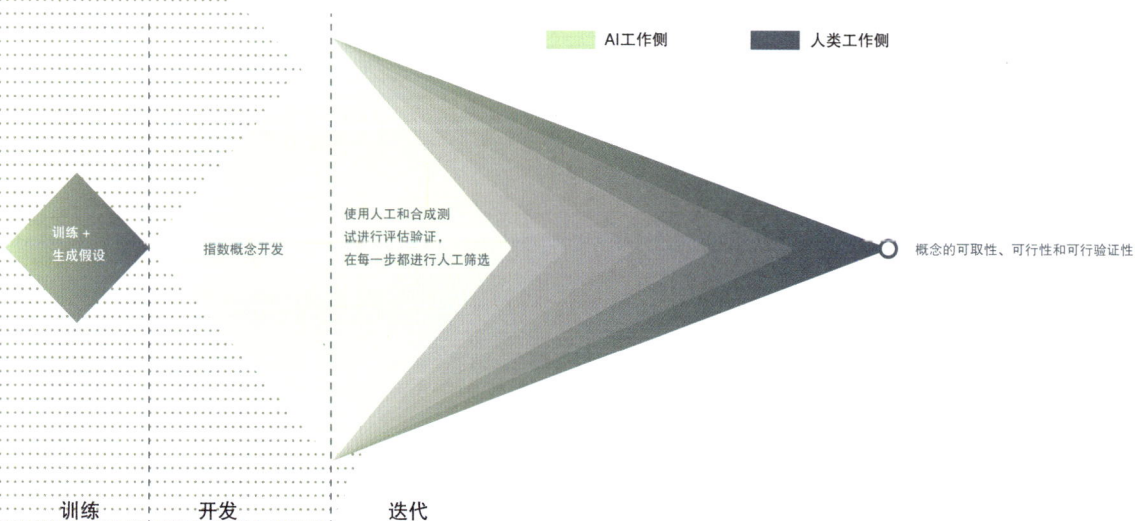

图 3-3　魟鱼模型设计流程

魟鱼模型的设计流程可分为三个主要阶段："训练"阶段，"开发"阶段，"迭代"阶段。在"训练"阶段，设计团队收集必要的信息来训练模型并运用生成的模型生成初步解决方案；在"开发"阶段，设计团队与人工智能合作来生成广泛的解决方案，并通过迭代过程来缩小范围和验证可行性；在"迭代"阶段，团队使用通用的设计思维和创新方法来验证和改进解决方案。人工智能的应用显著提升了设计过程的效率，帮助团队满足可持续发展标准和用户需求等多方面的要求。

"训练"阶段：设计师需要设定设计目标并收集信息，以确定解决问题的方案。在此阶段，设计师收集客户需求、成本和趋势等信息用于训练模型，利用模型来确定需求优先级和解决方案类型，为下一阶段的方案生成提供了基础。

"开发"阶段：通过使用人工智能，设计师可以同时对问题和解决方案进行指数级（非常广泛地）探索，生成大量具有针对性的解决方案，包括产品或服务的视觉效果和原型、功能以及可行性的描述和预计评价。

"迭代"阶段：在生成大量假设的解决方案后，设计师将通过一系列迭代验证来确定一组具有可取性、可行性和发展潜力的解决方案。在迭代工程中，设计

师可以部署一系列传统的设计思维和创新方法，如原型实验、用户访谈或调查；也可以采用合成测试的方式，包括通过使用模拟技术来预测用户行为，以及使用人工智能聊天机器人与真实用户进行自主访谈。

人工智能技术可以显著提高设计的效率，将设计流程的重心转移到方案的评估和迭代上，帮助团队更有效地解决问题并满足多方面的需求。

本节介绍了智能产品服务系统设计的流程，涵盖了双钻石模型设计流程、闭环设计流程和人工智能驱动下的魟鱼模型设计流程。双钻模型是一种经典的设计思维框架，具有更广的应用范围；闭环设计流程作为智能产品服务系统设计的典型特征，强调在设计和开发过程中持续反馈和改进，以确保产品能不断适应用户需求和市场变化；人工智能驱动下的魟鱼设计模型能充分利用人工智能技术在设计和开发过程中的潜力，提高设计效率并深化设计。以上三种设计流程指南可以帮助设计专业学生及从业人员明晰设计思路、优化创作过程。

# 3.2　研究方法

智能产品服务系统设计需要借助系统层面的科学规划，并采用以人为中心的设计方法论，确保智能产品能与用户需求相匹配，满足多方利益相关者的需求，提出系统性的设计和迭代方案，以优化用户的服务体验。在智能产品服务系统设计中导入适合的设计研究方法，能提升智能产品的竞争力，提高用户的满意度，并推动智能时代社会的可持续发展。

## 3.2.1　定性方法

定性研究是在自然环境下，以实地考察、参与性或非参与性体验、个案研究、文献分析等方法对设计现象做深入细致的研究，主要采用非概率抽样的方法，寻找收集第一手资料，从当时、当地、当事者的视角理解其设计行为意义。分析方法以归纳为主，概括出的理论或研究结果须通过设计实践检验。而研究过程，包括采访、分析等过程，必须有详尽的描述，这也是定性研究的特征之一。所谓定性研究，其作用还包括界定设计研究问题和不断集中问题，指明设计事物的发展趋势，确定设计资料文献收集方法和分析单元，采用不同的编码方式、表达方式并获得新的设计观念。

### 3.2.1.1　田野调查法

定义：田野调查又称田野研究或现场研究，指所有实地参与现场的调查研究工作。田野调查法是人类学学科的基本方法，是研究工作开展之前，为了取得第一手原始资料的前置步骤。田野调查的基本方法包括观察法、访谈法、问卷法、谱系法、测量统计和资料采集等。

特点：与其他在实验室准控制状态下环境的研究相比，田野工作主要于实地进行，需要在一个有严格定义的空间和时间的范围内，体验并记录用户的日常生活。同时，田野调查法也是民族志和扎根理论等定性研究方法的重要步骤。

实施步骤：

①准备工作阶段：明确目的，拟定提纲；选择考察地址，了解背景情况，收集资料；组织分工，准备考察器材设备，建立规章制度。

②实地考察阶段：获准进入，建立信任与友善关系，广泛调查，个别访问，收集实物资料。

③整理分析阶段：分类整理，分析资料，综合意见，报告考察结果。资料整理应该呈现出三个阶段性的变化。首先是根据看、听、问、摄、录、记所取得的第一手资料；其次，这些原始资料繁杂、零乱，形式不同，呈无结构状态，经过适当的分类整理之后形成了有序的、有主题编码的记录资料；最后是在考察报告中所呈现出的经选择、归纳之后的重点资料，这是经过分析、比较、评价之后的结果，能充分表现出本次考察的成果。

### 3.2.1.2　民族志

定义：民族志又称人种志、群体文化学，是人类学的一种研究方法和写作文本，是基于实地调查、建立在人群中第一手观察和参与之上的关于文化的描述，以此来研究群体并总结群体行为、信仰和生活方式。

特点：民族志通过对代表性人群的生活方式、生活体验和产品使用进行深入理解，达到对产品功能、形态、材料、色彩、使用方式及消费者喜好和购买模式等进行预测的目的。通过观察消费者面对产品功能、造型和使用时的情绪和态度，识别用户的相似点和差异性，了解用户想购买什么、喜欢什么，从而明确产品应具备的品质，为产品设计提供依据。

实施步骤：

①通过对书籍、杂志、网站等各个媒体相关主题资料的收集、分析和归类，提取舆论引导的关键词，对目标群体使用产品的特定活动和背景环境有一个总的理解。

②针对产品使用过程、使用情境和使用态度，通过观察、拍摄、访谈和实地考察等方法，了解使用者的偏好以及如何看待这些产品，并发现特定产品与其生活方式在某些方面行为之间的联系。

③在前期全面、翔实、有效地调查研究之后，确定典型的用户模型，从中发现大量可进行设计创新的具体线索，从而指导后期的设计创作。

④民族志是一种定性分析方法，能获取典型的用户隐性知识特点，适合于智能产品开发设计初期阶段的用户研究。以下六点可帮助设计师完成民族志研究。

⑤记住民族志不仅是持续地询问问题，重点是还要仔细地聆听被研究者的回答。

⑥民族志应该专注、深入地研究少数几个目标用户的生活，而不是研究大量用户。

⑦认真思考要问询什么问题，并且考虑如何将大量数据转化为问题的发现。

⑧充分地使用视频、照片以及其他视觉材料。

⑨避免从收集的数据中仅以列举事实的方式代替讲故事。

⑩将收集的大量数据详细地归纳，并建构联系。

### 3.2.1.3　焦点访谈

定义：焦点访谈法又称焦点小组法、小组座谈法，采用小型座谈会的形式，将一群典型的目标用户组织在一起，在主持人的引导下，按照预定的流程与任务，对与产品相关的问题自由而深入地进行讨论。小组成员在讨论中相互积极交流，表达并交换自己对产品的相关经验与主观感受，从而帮助研究人员收集到用户对于产品更为真实的态度和感受。

特点：焦点小组访谈主要有两个特殊作用：一是深入探索研究问题，团体焦点访谈适合于迅速了解顾客对某一产品、计划、服务等的印象；诊断新计划、服务、产品或广告中潜在的问题；收集研究主题的一般背景信息，形成研究假设；了解团体访谈参加人对特定现象或问题的看法和态度，为问卷、调查工具或其他用于量化研究工具的设计收集资料等。二是为分析大规模、定量调查提供补充。团体焦点访谈可在定量调查之后进一步收集资料，帮助更全面地解释定量研究结果。

实施步骤：

①准备焦点访谈：首先需要准备焦点小组环境，安静舒适的环境有助于促进讨论的开展；其次需要征选参与者：焦点小组成员通常由6~10人组成，选取参与者时需要考虑目标人群的特征和研究主题。最后需要选择一名主持人，主持人需要带领小组挖掘对特定主题的想法。

②准备访谈提纲和布置环境：为了建立一个民

主、自由、非正式的氛围，焦点小组在讨论前需要做好各种讨论准备。首先，通过调研提纲确定讨论的主题和讨论流程的安排；其次，组建焦点小组的目的是让人们自由地交谈，所以小组成员在一起感到舒适很重要，否则他们会保持安静。

③进行小组讨论：主持人对讨论主题进行介绍，接着开始引导小组成员围绕主题进行讨论。同时，主持人在过程中应鼓励参与者发表想法。在讨论结束时，主持人总结讨论结果。

④分析数据并编写焦点访谈报告。

### 3.2.1.4  德尔菲法

定义：德尔菲法，又名专家咨询法或专家调查法，其核心是通过匿名方式进行几轮函询征求专家们的意见。预测、评价领导小组对每一轮的意见都进行汇总整理，作为参考资料再寄发给每位专家，供专家们分析判断，提出新的论证意见。如此多次反复，意见逐步趋于一致，得到一个比较一致且可靠性较大的结论或方案。

特点：德尔菲法的实质是利用专家集体的知识和经验，通过选择一批专家多次填写征询意见表的调查形式，对那些带有很大模糊性、比较复杂且无法直接进行定量分析的问题，取得测定结论的方法。由于德尔菲法具有匿名性、反馈性、统计性等特点，调查过程中对专家意见的统计、分析和反馈，充分发挥了信息反馈和信息控制的作用，因此德尔菲法已经在各个领域得到了广泛地应用，不仅可以用于预测领域，而且可以广泛应用于各种评价指标体系的建立和具体指标的确定过程。

实施步骤：

①组成专家小组明确研究目标，根据项目研究所需要的知识范围，确定专家目标。专家人数的多少，可根据研究项目的大小和涉及面的宽窄而定，一般8~20人为宜。

②向所有专家提出所要征询的问题及有关要求，并附上有关这个问题的所有背景材料，同时请专家提出还需要什么材料。然后，由专家做书面答复。

③各个专家根据他们所收到的材料，结合自己的知识和经验，提出自己的意见，并说明依据和理由。

④将各位专家第一次判断意见归纳整理，再分发给各位专家，让专家比较自己同他人的不同意见，修改自己的意见和判断。也可以把各位专家的意见加以整理，或请身份更高的其他专家加以评论，然后把这些意见再分送给各位专家，以便他们参考后修改自己的意见。

⑤专家根据第一轮征询的结果及相关材料，调整、修改自己的意见，并给出修改意见的依据及理由。

⑥按照以上步骤，逐轮收集意见并为专家反馈信息。收集意见和信息反馈一般要经过三、四轮。在向专家进行反馈的时候，只给出各种意见，但并不说明发表各种意见的专家的具体姓名。这一过程重复进行，直到每一位专家不再改变自己的意见为止。

以上步骤中，每一轮专家意见的汇总整理是比较重要的环节，需要根据以下标准确定结果的可靠性：

①专家的积极系数：专家的积极系数即专家咨询表的回收率（回收率＝参与的专家数／全部专家数），可以反映专家对研究的关心程度。

②专家意见的集中程度：专家意见集中程度用均数（$M_j$）和满分频率（$K_j$）来表示。均数为 $M_j = \dfrac{1}{m_j}\sum_{i=1}^{m} C_{ij}$，$m_j$ 表示参加第 $j$ 个指标评价的专家

数，$C_{ij}$ 表示第 $i$ 个专家对第 $j$ 个指标的评分值。$M_j$ 的取值越大，则对应的 $j$ 指标的重要性越高。满分频率为 $K_j = \dfrac{m_j'}{m_j}$，$m_j$ 表示参加第 $j$ 个指标评价的专家数；$m_j'$ 表示给满分的专家数。$K_j$ 取值在 0~1 之间，$K_j$ 可作为 $M_j$ 的补充指标，$K_j$ 越大，说明对该指标给满分的专家比例越大，该指标也越重要。

③专家意见的协调系数：专家意见的协调程度用变异系数（$V_j$）表示。通过计算变异系数可以判断专家对每项指标的评价是否存在较大分歧，或找出高度协调专家和持异端意见的专家。

变异系数为 $V_j = \dfrac{\delta_j}{\overline{x_j}}$，说明专家对第 $j$ 指标的协调程度，即分值波动程度，其中 $V_j$ 表示 $j$ 个指标的变异系数；$\delta_j$ 表示第 $j$ 个指标的标准差；$\overline{x_j}$ 表示第 $j$ 个指标的均数。$V_j$ 越小，表明专家们的协调程度越高，通常变异系数应该小于 0.25。

④专家意见的权威程度：专家的权威程度一般由两个因素决定，一个是专家对方案作出判断的依据，用 $C_a$ 表示判断影响程度系数。专家一般以"实践经验""理论分析""对国内外同行的了解"及"直觉"等作为判断依据，影响程度按大中小分别赋值，标准赋值见表 3-1，判断系数 $C_a$ 即为四个判断依据对应赋值的和，$C_a$ 越大说明判断依据对专家的影响程度越大。

表 3-1　专家判断依据影响程度赋值（$C_a$）

| 判断依据 | 对专家评分的影响程度赋值 | | |
|---|---|---|---|
| | 大 | 中 | 小 |
| 实践经验 | 0.5 | 0.4 | 0.3 |
| 理论分析 | 0.3 | 0.2 | 0.1 |
| 对国内外同行的了解 | 0.1 | 0.1 | 0.1 |
| 直觉 | 0.1 | 0.1 | 0.1 |

另一个是专家对问题的熟悉程度，用 $C_s$ 表示专家对问题的熟悉程度系数，赋值见表 3-2。

表 3-2　专家对问题的熟悉程度赋值（$C_s$）

| 熟悉程度 | 特别熟悉 | 较熟悉 | 一般熟悉 | 不太熟悉 | 不熟悉 |
|---|---|---|---|---|---|
| 赋值 | 1 | 0.8 | 0.6 | 0.4 | 0.2 |

专家的权威程度系数用 $C_r$ 表示，其为判断系数和熟悉程度系数的算术平均值，即 $C_r = \dfrac{C_a + C_s}{2}$。

### 3.2.1.5　定性比较分析法

定义：定性比较分析方法通过比较研究对象之间的共同特征和差异，来寻找模式和规律，可以用来检验理论、细化理论、构建理论。定性比较分析方法认为案例是原因条件组成的整体，因而关注条件组态与结果间复杂的因果关系。定性比较分析方法中有三种常见的方法，分别是清晰集定性比较分析方法（Clear Set Qualitative Comparative Analysis, csQCA）、多值定性比较分析方法（Multi-Value Qualitative Comparative Analysis, mvQCA）和模糊集定性比较分析方法（Fuzzy Set Qualitative Comparative Analysis, fsQCA）。

特点：

①该方法本质上是组态比较分析方法。为使复杂案例的系统化比较分析能进行，必须将这些案例转化成组态。所谓组态，是指能产生既定结果的条件（如促进因素、前因变量等）的特定组合。

②该方法关注跨案例的"多重并发因果关系"，即：多个相关条件的组合引起的特定结果；多个不同的条件组合可能产生同样的结果；不同情境下，当特定结果出现时，某个条件可能出现也可能不出现。需要解决的一个关键问题是：哪些条件（或与之相关的条件组合）是得到预期结果的"必要条件"或"充分条件"（或"必要且充分条件"）。

③不同于基于变量间相关关系进行因果推断的方法（如多元回归、因子分析和结构方程模型等），定性比较分析方法是基于条件集合和结果集合之间的集合关系进行因果推断，如表3-3所示。

表3-3　组态比较分析方法与定量研究方法的区别

| 类别 | 定量研究方法 | 组态比较分析方法 |
| --- | --- | --- |
| 典型分析方法 | 多元回归分析 | 定性比较分析 |
| 理论目标 | 检验、细化理论 | 检验、细化和构建理论 |
| 研究问题 | 净效应问题 | 组态问题 |
| 因果实现途径 | 相关关系 | 集合关系 |
| 因果关系假定 | 因果单调性<br>（恒定性、一致性、可加性和对称性） | 因果复杂性<br>（殊途同归、多重并发和非对称性） |
| 研究样本规模 | 大样本 | 不限 |
| 样本抽样方法 | 随机抽样 | 理论抽样 |
| 逻辑推理形式 | 演绎推理 | 溯因推理 |
| 数学基础 | 统计论 | 集合论 |

④在处理"主观"或"定性"数据时，使用此方法的要求是将其转化为类别或数字。

⑤组态分析采用的定性比较分析方法的优点还在于整合了定性分析与定量分析的优势，它既适合

于小案例数（10 或者 15 以下的案例）和中等规模样本（10 或者 15 至 50 的案例数）的研究，也适合超过 100 案例数的大样本的研究。

实施步骤：在选择使用该方法时，研究者需要仔细考虑研究问题、数据类型和自身的研究技能，以确定最适合的方法。在选用时，首先要考虑研究对象的属性和条件的性质，如果数据是清晰的二元数据（是 / 否），可以选择清晰集定性比较分析方法；如果数据存在模糊性和不确定性，可以选择模糊集定性比较分析方法。一般来说，如果数据本身大部分就是二分数据或者使用二分法不会带来很多问题，最好首先尝试使用清晰集定性比较分析方法，如果其中存在大量的矛盾组态且无法通过对案例的深入分析得到解决，那么再转向多值定性比较分析方法。相较而言，如果原始数据在程度上有系统的、有意义的变化，那么应尽量避免使用二分法或三分法，应转而使用模糊集定性比较分析方法。

①清晰集定性比较分析方法（csQCA），它使用布尔代数和逻辑运算来识别因果关系和模式。研究者将研究对象的属性和条件转化为布尔值，然后使用逻辑运算来分析它们之间的关系。csQCA 只能处理原因变量和结果变量均为二分变量的案例，无法处理统计分析中所出现的大量的定距变量。

②多值定性比较分析方法（mvQCA）是 csQCA 的扩展，它保留了 csQCA 的基本原则，同时突破了 csQCA 强制使用二分变量的特点，能使用两个阈值来创建更同质的子集。

③模糊集定性比较分析方法（fsQCA）使用可以处理模糊和不确定性的数据。与 csQCA 和 mvQCA 不同，fsQCA 不强求研究者必须把案例归为二分类（属于集合或不属于集合）或者如 mvQCA 中的三分类、四分类中的某一类，允许属性和条件

在程度和水平上发生变化，取 0 与 1 之间的部分隶属分数，以更好地反映现实世界中的复杂关系。使用模糊集定性比较分析方法时，需要对数据进行校准，将研究对象的属性和条件数据转化为模糊值数据，即属性和条件的隶属度值。

数据校准的方式包括两种：第一，直接校准。研究人员基于理论知识、经验证据、数据特征等提出三个锚点：完全隶属、完全不隶属和交叉点，然后使用软件进行校准；第二，间接校准。需要在定性评价的基础上对测量结果进行重新标定，研究人员通过专业角度的判断，为每个属性或条件分配假设隶属值，然后使用定距尺度数据对这些隶属分数进行优化。

### 3.2.1.6　扎根理论

定义：扎根理论研究法是由哥伦比亚大学的斯特劳斯（Strauss）和格拉泽（Glaser）两位学者共同发展出来的一种研究方法，也称"生成型理论"或"草根理论"。其主要宗旨是从经验资料的基础上建立理论。研究者在研究开始之前一般没有理论假设，直接从实际观察入手，从原始资料中归纳出经验，如图 3-4 所示。

特点：扎根理论是一种从下往上建立实质理论的方法，即在系统性收集资料的基础上寻找反映事物现象本质的核心概念，然后通过这些概念之间的联系建构相关的社会理论。扎根理论一定要有经验证据的支持，但是它的主要特点不在其经验性，而在于它从经验事实中抽象出了新的概念和思想。在哲学思想上，扎根理论方法基于后实证主义的范式，研究者不带任何看法和理论假说直接进入实际观察，在系统收集的原始资料的基础上构建理论。因此，扎根理论具有观察的科学性和理论的创新性。

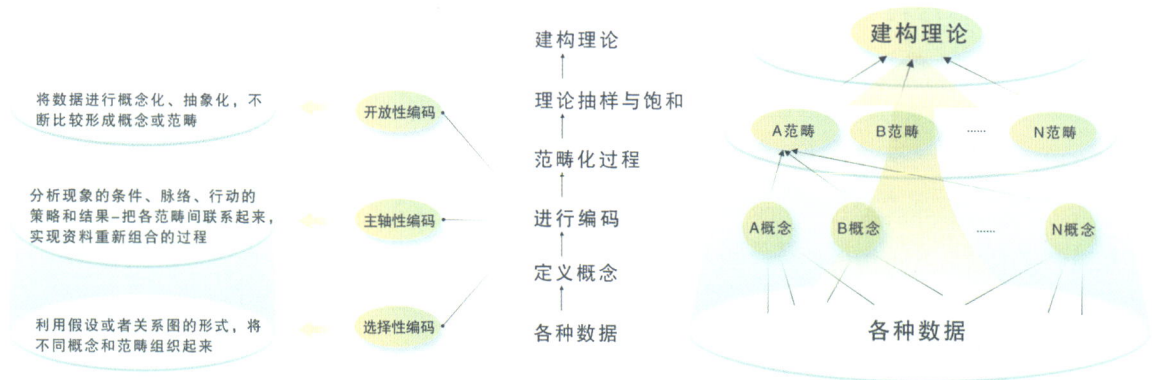

图 3-4　扎根理论的逐级编码过程

**实施步骤：**

①资料收集：大多采用经典的质性研究方法，如田野调查法、民族志、焦点访谈等。

②资料分析：扎根理论体现为"系统化程序"，包括记录、分析、编码、摘记和报告撰写等一系列科学化的步骤，其中对资料进行逐级编码是核心程序，也是量化特征最显著的环节，逐级编码分为开放性编码、主轴性编码与选择性编码三个编码程序。开放性编码（提取关键点）：原始资料大多比较庞杂、分散，提炼重点是开放性编码的工作；主轴性编码（寻找联系）：以研究问题为导向，将开放性编码进一步抽象和归纳成主范畴；选择性编码（归纳属性）：旨在进一步处理范畴之间的关系，建立起核心范畴与其他范畴之间的关联。三级编码的过程是一个不断开放、比较和提炼的过程，需要在行动和数据中建立起一个迭代的关系，以逐渐深入挖掘出问题背后的潜在结构和规律。

③理论饱和度检验：斯特劳斯认为当额外收集的资料不再能发展新范畴和新见解时，理论就达到良好"饱和度"。研究者在进行研究之前需要预留样本用于理论饱和度检验，将其再次纳入扎根理论的分析过程，以验证先前理论模型构建范畴的覆盖程度。若未出现影响原先核心范畴的新的重要概念和范畴，且范畴间未产生新的关系结构，可认为达到饱和。

### 3.2.2　定量方法

定量研究是把设计数据定量表示，通过统计分析，将结果从研究样本推广到研究总体。也就是先将设计资料转化成数值形式，再进行分析的一种研究。定量研究以系统的方式，有意识地运用数学方式和统计学方法从事设计研究，它有一套完备的操作技术，包括系统或随机抽样的方法、问卷或实验量化的资料收集方法以及以数理统计为基础的资料收集方法等。它以资料的定量化开始，经单双变量或多变量的分析来掌握设计状况变量间的关系，理解设计之间的因果联系。定量研究重视客观事实，不受个人情感或其他因素的影响，依赖于数字和量度，所得结果精确可信，其逻辑过程近于演绎推理的方式。

#### 3.2.2.1　信效度分析

定义：信效度分析是量化研究中的必要步骤，

旨在评估测量工具的可靠性和有效性。其中，信度指的是测量工具内部一致性的程度，即同一测量工具在不同时间、不同场合下的使用结果是否相似；效度则指测量工具能否准确、完整地反映被测量的概念或现象。如果信效度不达标，可能需要删除或修改题项，或者调整样本量。

**特点：**

①信度分析方法主要关注测量工具内部的一致性，以证明问卷结果的可靠性。

②效度分析方法主要关注测量工具与其他测量方法或者理论上的相关性，以证明问卷题项的有效性。

③在实际研究中，通常会同时考虑信度和效度，综合分析测量工具的质量。

**实施步骤：**

①信度分析：克朗巴哈系数（Cronbach's alpha）是用于衡量一组测量工具（例如问卷）的内部一致性的统计量。使用以下公式计算克朗巴哈系数：$\alpha = \frac{k}{k-1}\left(1 - \frac{\sum_{i-1}^{k}\sigma_i^2}{\sigma_T^2}\right)$，其中，$k$是测量项的数量，$\sum_{i-1}^{k}\sigma_i^2$是每个测量项的方差，$\sigma_T^2$是总分的方差。克朗巴哈系数介于 0 和 1 之间，越接近 1 表示该工具具有更高的内部一致性和可靠性。一般认为，克朗巴哈系数在 0.7 以上表明具有良好的信度。如果不超过 0.6，则认为内部一致性的信度不足。

②效度分析：

内容效度：又称表面效度，是指测量工具的内容是否完整、准确地覆盖了所要测量的概念或领域。内容效度通常需要通过专家评估或理论依据来确定。可以参考以下几种方式论证内容效度：描述问卷的设计过程，包括问卷设计与研究问题和研究思路如何保持一致性；给出问卷设计的参考依据，比如参考某文献设计问卷；进行预测试，对问卷进行修改处理等。在文中说明已进行预测试和修正；指出专家对于问卷设计的认可性。

效标效度：又称准则效度，指的是一种测量工具或方法的有效性，即它能否有效地预测或测量目标变量。效标效度通常使用与目标变量有关的标准（即效标）来进行评价，比如其他已经证明有效的测量工具，若二者相关显著，或者问卷题项对准则的不同取值、特性表现出显著差异，则为有效的题项。

结构效度：结构效度指的是测量工具的因素结构是否符合理论假设或者研究预期。在测量某个复杂概念时，常会使用多个指标或者问题来捕捉其不同的维度或者因素。测量结构效度的方法通常是因子分析。在大部分实际问题中，变量间是有一定相关关系的。为了降低研究的复杂性和提高研究的准确性，一般用较少的变量来代替较多的变量，而这些较少的变量能尽可能地反映原来变量的关系。

### 3.2.2.2 因子分析法

**定义：**因子分析主要用于研究多个变量之间的潜在结构和关系，可以帮助研究者在大量变量中发现共同的因素，进而简化数据分析和解释过程，更好地理解变量之间的关系。

**特点：**通常因子分析有三种作用：一是用于因子降维，二是计算因子权重，三是计算加权计算因子汇总综合得分。

①因子降维：使用因子分析对多个观测变量进行降维处理，如将多个问卷题目降维为几个公共因

子，提高数据处理效率，如分析用户对产品的态度、品质等。

②计算因子权重：使用因子分析计算因子权重，将多个观测变量转换为几个公共因子，从而更好地理解观测变量之间的关系，如分析影响因素。

③计算加权计算因子汇总综合得分：使用因子分析计算加权综合得分，将多个观测变量转换为几个公共因子，并使用因子载荷计算加权得分，如评估产品综合等级。

因子分析可分为探索性因子分析和验证性因子分析，都用于研究多个变量之间的潜在结构和关系。

①探索性因子分析：研究者尚未区分数据维度，基于降维的思想，将众多变量聚合为少数几个公共因子，以降低数据采集和分析的难度；解释观测变量内在数据结构，并提取出公共因子，按照权重计算出综合得分再进行回归或聚类分析。但探索性因子分析不提供有关因素的实际含义和解释的信息。

②验证性因子分析：研究者已经区分了数据维度，这时做因子分析主要是验证数据是否符合已分类的维度，检验理论模型的有效性和检查模型是否需要改进。验证性因子分析通常需要更多的数据和更准确的测量来支持其假设。

**实施步骤：**

①根据研究对象确定相关变量和收集数据，构成原始样本，并列为 $a \times b$ 阶矩阵，即 $a$ 个原始样本中含有 $b$ 个变量，则有 $X = \begin{bmatrix} x_{11} & x_{12} & \cdots & x_{1b} \\ x_{21} & x_{22} & \cdots & x_{2b} \\ \vdots & \vdots & \ddots & \vdots \\ x_{a1} & x_{a2} & \cdots & x_{ab} \end{bmatrix}$。

②判断变量对因子分析的适用性：变量之间的相关关系是能否进行因子分析的重要前提条件，在进行因子分析之前，首先要对变量进行相关关系判定，以检验变量是否适合做因子分析。常用检验方法有巴特利特（Bartlett）球形检验、KMO（Kaisev-Meyer-Olkin）检验。

③变量标准化：标准化是为了降低或消除原变量量纲不统一的影响，即无量纲化。标准化值 $X_{ij}$ 为各原变量的指标值和相应指标的均值之差与其标准差的商，即 $X_{ij} = \dfrac{\left(x_{ij} - \overline{x_j}\right)}{S_j}$，其中 $\overline{x_j} = \dfrac{1}{b}\sum_{i=1}^{a} x_{ij}$，代表第 $j$ 个指标均值；$S_j = \sqrt{\dfrac{1}{a-1}\sum_{i=1}^{a}\left(x_{ij} - \overline{x_j}\right)^2}$，代表第 $j$ 个变量的标准差，$x_{ij}$ 表示第 $i$ 个样本的第 $j$ 个指标。

④相关系数矩阵的计算：其计算公式为

$$R = \left(r_{ij}\right)_{p \times p} = \frac{\sum_{k=1}^{a}\left|x_{ki} - \overline{x_i}\right|(x_{kj} - \overline{x_j})}{\sqrt{\sum_{k=1}^{a}\left(x_{ki} - \overline{x_i}\right)^2 \sum_{k=1}^{a}[(x_{kj} - \overline{x_j})^2]}}$$

其中，$r_{ij}$ 为数据标准化后的第 $i$ 个指标与第 $j$ 个指标间的相关系数，$x_{ki}$ 是第 $k$ 个样本的第 $i$ 个变量的值，$x_{kj}$ 则是第 $j$ 个变量的值。特征值 $\lambda_i \geqslant 0, i = 1, 2, \cdots, a$；特征向量 $\boldsymbol{\beta}_i = (\beta_{i1}, \beta_{i2}, \cdots, \beta_{ib})^{\mathrm{T}}$。

⑤计算方差贡献率：方差贡献率 $\alpha_j$ 表示每个因子解释的总方差的比例，其计算公式为 $\alpha_j = \dfrac{\lambda_i}{\sum_{k=1}^{m} \lambda_k}$，其中，$\lambda_i$ 是第 $i$ 个特征值，$m$ 是提取的因子数。

⑥因子矩阵旋转：通过因子矩阵旋转来解决因子载荷矩阵中某个因子变量解释多个原变量的信息时，含义不够清晰的现象。旋转的方法有正交旋转、方差极大法和斜交旋转。旋转后的因子载荷矩阵能更清晰地反映因子与变量间的关系。

⑦公因子得分：将所得因子变量处理成含有原变量的线性组合方程，然后计算各公因子得分。

⑧计算结果分析：特征值越大，说明该因子解释的方差越多。方差贡献率较大的因子对总方差的解释比例较大，故通常保留方差贡献率较大的因子。因子载荷矩阵反映了因子与变量间的关系，载荷值越大说明该变量对该因子贡献越大。公因子得分则可用于聚类分析和回归分析等深入分析。

### 3.2.2.3　主成分分析法

**定义：**主成分分析首先是由皮尔森（Pearson）针对非随机变量引入的，霍特林（Hotelling）将此方法推广到随机变量的情形。其核心思想是利用数学原理对数据进行降维处理，在保留尽可能多的原始数据的前提下把多个变量转化为几个综合指标的多元统计方法。通过正交变换将一组可能存在相关性的变量转换为一组线性不相关的变量，转换后的这组变量叫主成分。其中每个主成分都是原始变量的线性结合，且每个主成分之间不相关，这便使得主成分比原始的变量更加具有优越性。

**特点：**主成分分析法通过将相关变量转换为少数的主成分，实现了数据的降维，减少了数据集的复杂性。同时，主成分是原始变量的线性组合，它们通常具有直观的解释，能反映原始数据中的模式和结构。

**实施步骤：**

①对原始数据进行标准化处理：假设进行主成分分析的指标变量有 $m$ 个，共有 $n$ 个评价对象，第 $i$ 个评价对象的第 $j$ 个指标的取值为 $x_{ij}$，即可构建矩阵 $X$，将各指标值 $x_{ij}$ 转换成标准化指标 $Z_{ij}$：$Z_{ij}=\dfrac{x_{ij}-\bar{x}_j}{s_j}$, $i=1,2,\cdots,n$; $j=1,2,\cdots,p$，其中

$$\bar{x}_j=\dfrac{\sum\limits_{i=1}^{n}x_{ij}}{n}，\quad s_j=\sqrt{\dfrac{\sum\limits_{i=1}^{n}(x_{ij}-\bar{x}_j)^2}{n-1}}，分别为第 j 个指$$

标的样本均值和标准差，得矩阵 $X$ 的标准化矩阵 $Z$。

②对标准化阵 $Z$ 求协方差矩阵 $\mathrm{cov}(Z)$：$\mathrm{cov}(Z)=\dfrac{Z^{\mathrm{T}}Z}{n-1}$，其中 $Z^{\mathrm{T}}$ 是矩阵 $Z$ 的转置矩阵，协方差矩阵反映了不同变量之间的相关性。

③计算特征值和特征向量：对协方差矩阵进行特征值分解，得到特征值和对应的特征向量。特征值代表了每个主成分所解释的方差的大小，特征向量则代表了主成分的方向。$\mathrm{cov}(Z)=\lambda v$，其中，$\lambda$ 是特征值，$v$ 是对应的特征向量。

④选择主成分：特征值对应的特征向量组成的新指标变量作为主成分。主成分的个数 $k$ 选择有 3 个主要的衡量标准：保留的主成分使得方差贡献率达到 85% 以上；保留的主成分的方差（特征值）大于 1；在绘制了关于各主成分及其特征值的图形碎石图中保留图形中变化最大之处以上的主成分。

⑤计算主成分的贡献率和累计贡献率（方差解释）：写出主成分并对主成分进行解释。对于某个主成分而言，指标的系数越大，代表该指标对主成分的影响越大。

### 3.2.2.4　聚类分析法

**定义：**聚类分析法是一种根据多个指标进行数据分类的一种多元统计方法，用于理解和组织复杂数据，以便设计师做出更明智的设计决策。这种方法通过将对象或数据样本分组，使同一类别的样本具有高相似度，而不同类别下的样本则具有低相似度，从而帮助设计师识别用户群体、分析行为模式、优化产品特性和提升用户体验。

**特点**：聚类分析法本质是一种简化数据的方法，能将具有大量对象的集合分成几组由类似的对象组成的类，适合大规模数据集，在诸多领域有着广泛的应用。

**实施步骤**：

①根据理论或经验确定聚类分析的特征变量：应选取与聚类分析目标密切相关的变量，能反映分类对象的特征。同时，变量之间有明显差异，不应该高度相关。为了方便计算，可以对特征变量进行标准化处理。

②计算相似性：聚类分析是用"距离"或"相似系数"来度量对象之间的相似性，度量样本之间的相似性使用点间距离。度量方法包括欧式距离、平方欧式距离、切比雪夫距离、闵可夫斯基距离、用户自定义距离、Pearson 简单相关系数等。

③样本聚类：选定聚类方法进行聚类，并确定类数。常用的包括系统聚类法（层次聚类法）和 K-means 聚类法。

④分析聚类结果。

### 3.2.2.5  结构方程模型

**定义**：结构方程模型是一种验证式多变量线性统计分析方法，用于研究多个变量之间的复杂关系。结构方程模型可以应用于多种研究问题，包括路径分析、因果关系研究、测量模型开发、结构模型测试等。结构方程模型可以帮助研究者深入理解和解释复杂的数据集和多变量关系，被广泛运用于心理学、教育、医学、市场研究等多个领域。

**特点**：

①结构方程模型能同时处理多个自变量和因变量，进而形成复杂的、以表达因果关系为核心的网状关系结构，满足社会科学研究中理论模型日益复杂化的需求。结构方程模型可以用来建立和测试复杂的理论模型，能对整体模型的拟合优度进行度量，对涉及大量线性方程的复杂模型进行评估，可评估及比较不同的理论模型，这使得研究者能更全面地理解多变量关系的结构。当想要研究复杂的多变量间因果关系时，使用该方法最为合适。

②结构方程模型允许建立潜变量模型，符合社会科学研究中变量普遍具有内隐性的特点。

③同时考虑测量模型和结构模型，即能同时估计因子结构和因子关系，这允许研究者在不同的层次上理解模型。

④允许自变量有测量误差，参数估计精度更高。

**实施步骤**：

①定义概念。基于理论对潜变量进行定义，构建测量指标。

②确定度量模型，提出假设，绘制路径图。

③信效度检验。

④模型评估与模型修正。对测量模型的拟合效果等进行评估。如果模型不能进行很好的拟合，则需要进行模型修正。

⑤在相关统计工具的帮助下，对所有结构关系进行检验（即对假设进行检验），特别是回归、路径系数。

⑥得出结论。最后，根据模型的结果，结合目标得出各种结论。同样，可以根据统计结果进行讨论并提出相关建议。

### 3.2.2.6  多维感性工学

**定义**：感性工学又称为感性工程学，是一种将消费者对产品情感意象转化为设计元素的产品开发技术，构建用户感知信息与产品设计造型特征之间映射关系的设计方法，多维感性工学的产品造型分析从产品造型整体特征出发，解构能传递用户情感信息的多个产品元件，建立多维设计特征，实现用户对产品造型整体情感感性需求。

特点：消费者的感性评价是一个复杂的综合判断过程，常被认为只能定性、难以量化、非理性且无逻辑。然而，感性工学研究运用现代计算机辅助、数理统计等方法，将消费者对产品的感性认知转化成具体量化的产品设计要素。其研究结果不仅可帮助研发企业精准定位消费者的关注重点，而且可以及时了解产品功效是否与消费者需求相匹配，能极大地降低新产品开发的风险。

实施步骤：

①收集感性意象词汇与样本方法。是通过相关书籍、专业领域专家、网络收集等获取目标实验样本以及符合描述实验样本的感性词汇。

②感性词汇与样本参数化处理方法。为了进一步分析感性意象与产品造型之间的感性关系，需对感性意象进行定性与定量统计分析，确定能引发消费者情感的影响感性意象。而对样本的量化处理主要是在大规模样本无法理想选择时，通过量化分析获取具有代表性的样本，使得研究更聚焦。目前，在多维感性工学研究下参数化处理主要有语义差异法、聚类分析、多维尺度分析、因子分析等。

③产品设计特征解构方法。产品设计特征解构目前主要以全局人机交互元素解构方法为核心方法，将产品视为一个整体，除形状外还增加色彩、材质、肌理以及文化象征等因素进行产品解构，最终构建产品的多维设计特征空间。

④构建多维感性工学模型。基于多维感性工学模型进行产品创新设计，对方案进行最终的评价也是对模型的性能进行评估。目前的评估方法主要有两种，一是基于情感问卷调查，通过语义差异法以及情感评价进行问卷调查；二是统计分析比较法，与实验样本进行比较分析判断多维感性工学模型的可行性。

### 3.2.3　实验研究

用户研究结果常源自质性研究，其信度会受到一些因素的影响，如：用户对主观体验的表述能力；主观表述与真实体验的相符程度；研究人员的分析能力等。研究结果的效度也会受此制约。而设计实验是在研究者的高度控制下，对某些设计因素作操纵变换以观其因果关系。这是一种精心安排的设计，有着特殊的步骤或程序。其中部分实验可以在实验室中完成，也有一些实验因条件制约可以在制作生产的实地进行。设计实验在严格的控制条件下进行时称作实验性实验或标准实验；当缺少条件无法进行实际的实验时，仍然可以做实验，这种实验称模拟性实验。

#### 3.2.3.1　社会实验法

定义：社会实验法又称实验法、随机控制实验法，是一种通过控制实验条件和操作独立变量，以揭示人类社会行为、社会认知和社会心理现象为目的的研究方法。有无实验者参与操作的"外生的干预"，是实验法与其他研究方法最本质的区别标准。一些学者将实验法分为以下四类：田野实验、实验室实验、调查实验、自然实验。

特点：实验法是一种研究者与研究对象主动对话的研究方法。通常都是研究者借助实践中的人为干预将偶然的、次要的因素分离，从而推断出确定的因果作用路径。实验法还可用于实际研究中复杂因果作用路径中的调节变量和中介变量的识别，针对这类变量提出研究假设，然后以这些假设作为干预因素，从而识别因果作用路径中的调节效应和中介效应是否存在。与观察性研究相比，实验设计从源头上大大减少了"内生性"问题和各种偏误的产生。而且，实验过程中的"前测"和"后测"之间存在明确的时间先后关系，通过干预前后的差异比较可以得出确切的因果关系，排除了互为因果的可能。此外，作为实验刺激的"干预"，是完全外生的变量，不存在受到因变量影响的情况，从而可以杜绝由于反向因果关系引起的内生性问题。

### 3.2.3.2　互联网实验法

定义：互联网实验是一种在数字化的互联网空间中开展随机控制实验，以检验变量间因果作用关系的研究方法。作为一种实证主义量化方法，它既遵循着"假设检验"的一般逻辑，也遵循着"刺激—反应"和"操纵—控制"等实验方法的特殊逻辑，即在既有理论或假设的指导下，按照预先设计的方案，在自然发生的环境中有控制地设置某些条件和干预（刺激变量），通过观察、记录、分析这些条件和变量的变化对实验对象某些状态（因变量）的影响，检验两者之间的因果关系。受此规定，实验方案的"理论先行"、受试者的"随机分组"、实验条件的"高度控制"和刺激变量的"人为干预"等构成了互联网实验的基本要求。互联网实验法在实验类型、实验平台、实验程序、受试者的获取与分组等方面相对于传统实验方法有着一定的优势。

特点：首先，互联网实验能丰富和拓展实验法的研究对象和适用范围。其次，互联网实验能实现对以往多种实验类型的有效综合。实验环境的可控性和仿真性，分别关系到研究结果的内在效度和外在效度。此外，互联网实验还能有效扩大受试者的规模，并提升其异质性和代表性。最后，程序化设计能显著提升实验研究的效率。

### 3.2.3.3　眼动实验法

定义：人的眼球运动和认知活动之间有着密切的联系，认知活动塑造并决定着眼球的运动行为，阅读、预测与推理等多种认知活动均能通过眼球的运动反映出来。因此，眼动实验法是利用眼动追踪技术，记录不同时间和任务的眼球运动和注视位置，并进行相关分析的实验方法。眼动实验的过程中需要用到眼动仪和相关软件获得更精确的数据。

特点：眼动实验能将被试者的隐性认知活动转化为可供观察和测量的数据，这种非入侵式的实时记录手段能最大限度地减少被试者在认知过程中所受到的干扰，准确反映被试者的注意力以及注意力之间的转换，非常有助于研究被试者的认知状态。当前，眼动实验技术已经在心理学、教育学、图书情报学、设计学以及市场营销等学科中得到了广泛应用。

### 3.2.3.4　脑电实验法

定义：脑电实验法是一种通过记录头皮表面电位的变化来研究大脑功能和活动的神经科学方法。它利用脑电图记录仪采集脑电活动，并通过数据分析来解释认知、感知、运动等大脑功能活动的相关模式。国内学者已广泛探索将脑电技术应用于产品设计评价，常见的范式为通过节律波（人在不同精神状态下会产生不同的脑电图节律波形，所代表的精神状态也各有差异）与事件相关电位判断方案的优劣。

特点：脑电图可以测量出极短时间内（可达 1 毫秒）的脑部活动，时间分辨率上十分精细，以分析个体在给定情境下的认知神经特性。将脑电图与质性的用户研究手段相结合，可获得更加接近用户真实体验的研究结果。因此，脑电对用户体验的测量是认知神经科学、心理学、设计学和计算机科学等领域的一项重要的交叉学科研究新课题。随着脑电设备使用的推广，设计研究中对节律相关波形、诱发电位等脑电信号的应用也越来越多。

### 3.2.3.5　行为表情分析实验法

定义：行为表情分析实验法是通过设计和控制实验环境，测量和研究个体在特定条件下的行为反应和面部表情的科学方法。行为表情分析实验主要关注学习与记忆、感觉与知觉、运动控制、情绪与动机以及社会行为等方面，旨在探讨情绪处理、社交互动及文化差异对表情认知的影响，揭示大脑功能、认知过程及神经系统疾病的机制。

特点：行为表情分析实验的特点在于其聚焦行为表情识别与情绪理解，使用照片、视频或计算机生成的刺激材料，通过识别、匹配和情绪强度评估等任务，结合反应时间、准确率和神经活动等指标进行研究。其实验设计注重严谨性，通常采用控制变量、随机分组、双盲设计和定量测量等方法，以确保结果的可靠性和科学性。目前该实验方法在神经科学研究、心理学研究、教育培训以及人机交互设计等领域具有广泛应用，同时面临着实验控制难度、行为解释复杂性、伦理问题和技术限制等挑战。通过结合新技术和跨学科方法，如神经影像（如脑电图、功能性磁共振成像）和大数据分析，可进一步推动对行为和表情认知机制的深入理解。

本节将常见的设计方法分为定性研究方法、定量方法和实验研究三类，这些方法为设计工作者在不同类型的设计项目的不同阶段提供了科学的指导，以便于其更好地理解用户需求、提出设计假设并深化设计方案。

# 3.3 设计工具

智能产品服务系统设计是一种多学科和以人为本的设计行为，其目标是通过更好地理解人、机构和技术系统之间的相互作用，将新的服务理念变为现实。郑湃等指出，智能产品服务系统遵循服务主导逻辑，并持有"价值共创"的观点。而科斯塔（Costa）等人则表明，智能产品服务系统设计过程往往会忽视用户体验。此外，智能产品服务系统作为一种复杂的系统，涉及大量的数据生成和多重设计迭代过程。因此，为了有效支持智能产品服务系统设计、分析用户需求、管理设计的数据信息，需要利用适当的设计工具。

### 3.3.1 用户画像

根据行为和需求集群，叙述不同类型的用户。

每个用户画像都是代表特定类型用户的参考模型。从技术上讲，当它们专注于捕捉不同的行为（例如"有意识的选择者"）而不表达定义的个性或社会人口统计学时，它们可以被称为行为原型。原型越是具有现实感（例如姓名、年龄、家庭构成等），它们就越成为真实的角色，充分表达特定用户群体的需求、欲望、习惯和文化背景（图 3-5）。

图 3-5 用户画像

### 3.3.2 用户故事

详细说明需要以用户交互形式开发的功能。

用户故事是一种来自敏捷开发的技术，用于从用户的角度描述数字化服务的需求（与基于产品的需求文档相反）。用户故事详细介绍了移动应用程序或网站中的各个元素和交互，这些元素和交互使移动应用程序或网站能实现预期的用户体验，并将设计团队的工作（开发交互流程和 UI 组件）与后端和前端开发过程联系起来，从而在迭代式开发过程中实现更好的集成工作流（而不是瀑布式开发过程）。在用户故事中，需要说明用户作为何种身份可以通过某种交互实现某种结果（图 3-6）。

### 3.3.3 用户情景

通过叙述相关的使用故事来解释所设想的体验。

用户情景是以一种示例性和叙事性的方式，描述用户在日常生活中的特定情境下，如何与服务进行互动的故事。编写用户情景时需要明确用户行为发生的具体背景，并定义用户的角色和需

求，从而准确描述用户的态度。首先可以将这些情景写成故事，再逐步描述体验的过程，然后通过图片或碎片化信息描述等形式提供视觉辅助（图 3-7）。

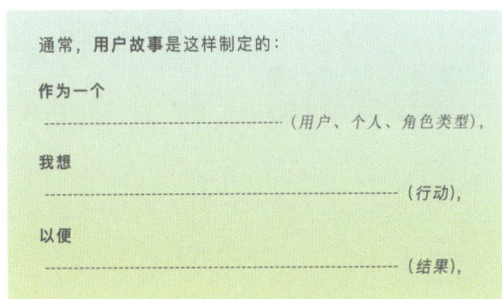

图 3-6  用户故事

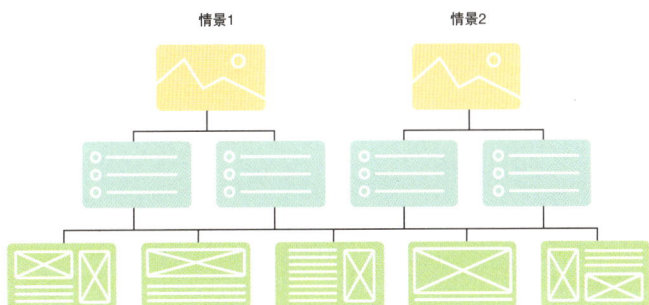

图 3-7  用户情景

### 3.3.4  触点矩阵

通过揭示现有接触点与用户交互的连接来分析和评估现有系统，或者通过勾勒出潜在的连接和对新接触点的需求以支持概念设计阶段。

接触点是服务提供商和客户之间的联系点，是用户在体验期间接触的系统的任何物理或数字元素。它可以是硬件设备、软件应用程序、网络服务，甚至是物理空间或工具。

触点矩阵是一种综合性的表达方式，以单一的框架展示了参与服务交付的各个不同角色及其相互联系（例如物资、能量、信息、金钱、文件等的流动）。触点矩阵清晰地展示了不同服务组成部分和角色之间的交互方式，凸显它们之间的价值交换。首先，在纵轴上定义了系统中不同的接触点，在横轴上定义了系统支持的不同行为，以便展示智能产品服务系统中不同的结构、界面、内容和交互结果。矩阵

的交叉点代表了潜在的用户操作，即体验的每一步中的活动接触点。其次，在触点矩阵中引入用户画像，通过联系不同的活动接触点从而绘制一些特定的用户路径和可能的用户情景（图 3-8）。

### 3.3.5  用户体验地图

用户体验地图是对用户个体体验的可视化地图。用户体验地图是一种从用户角度出发，可视化一个体验中的用户与服务、系统之间交互关系的工具。用户体验地图以可视化方式分阶段展示用户的个体体验，用于研究既定领域中的用户行为，揭示服务设计中人、地点、事物之间的关系，在设计研究与用户内在需求挖掘中起到重要作用。其构成要素主要包括：用户行为、满意度、接触点、痛点与机会点等几部分（图 3-9）。

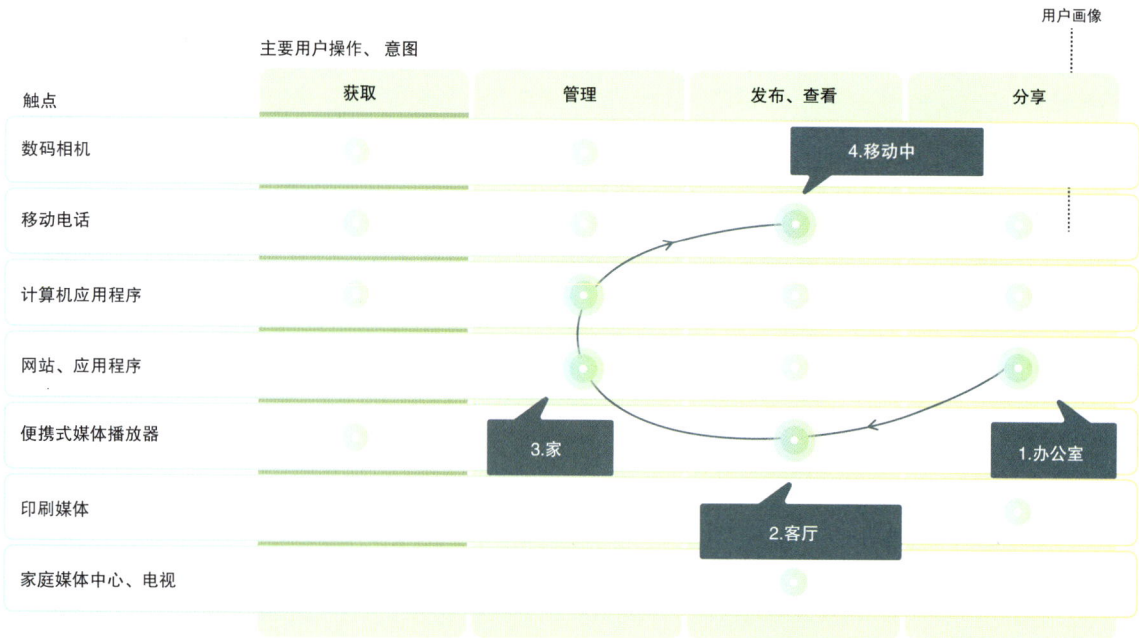

图 3-8　触点矩阵

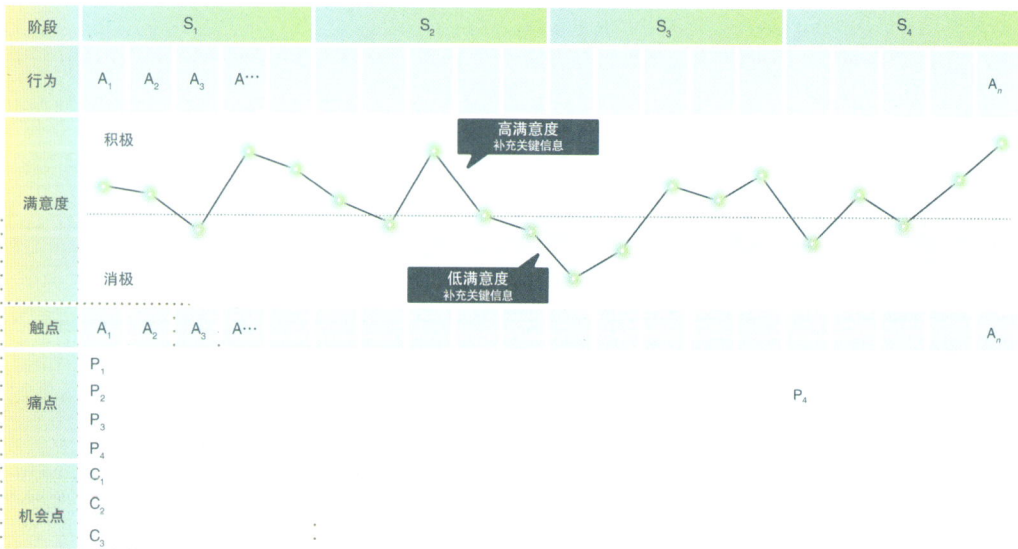

图 3-9　用户体验地图

### 3.3.6　价值主张画布

用简单的话描述服务所提供的价值。

价值主张画布是一个框架，帮助设计师确保产品或服务理念与市场的契合。它提供了详细的客户细分和价值主张之间的关系，强调了涉及的角色、痛点和收益，并展示了服务如何最终与主张、痛点缓解和收益创造相匹配（图 3-10）。

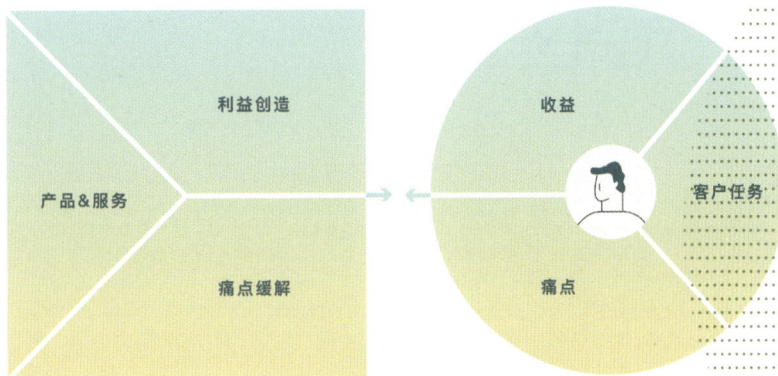

图 3-10　价值主张画布

### 3.3.7　顾客旅程地图

顾客旅程地图是对顾客整体流畅体验的可视化地图。

顾客旅程地图是研究服务系统中顾客整体旅程体验的关键工具，能使服务提供者的研究视角从关注个体体验延伸到整体旅程体验，降低顾客在旅程中的体验波动，以提升服务系统体验的流畅性（图 3-11）。

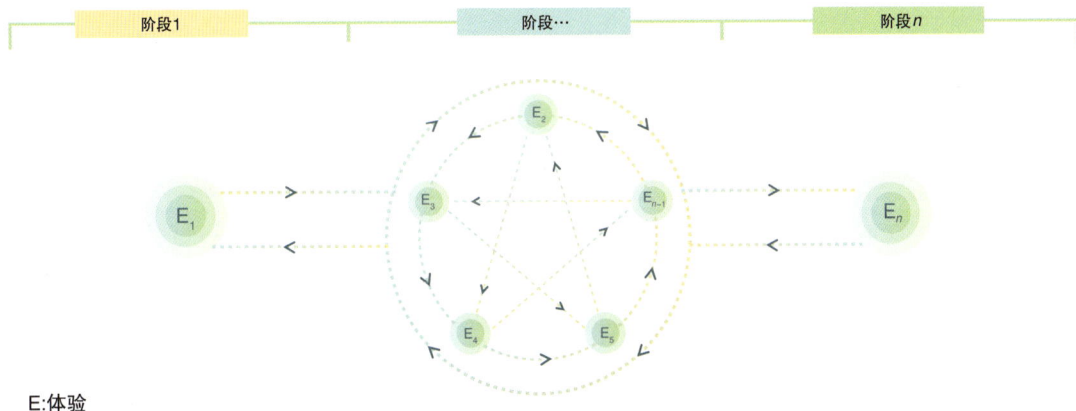

E：体验

图 3-11　顾客旅程地图

### 3.3.8　服务蓝图

可视化服务系统中的隐性服务因素，揭示潜在机会点。

服务蓝图是基于服务系统的流程图，以可视化的方式对服务系统进行准确描述。它将物理实物、用户行为、前台行为、后台行为和支持流程等要素通过可视化方式，在时间轴上进行构建，使服务系统中的隐性服务因素得以显现。通过对服务系统的整体描述，聚焦于前后台行为与支持过程，并揭示服务系统中的交互关系。服务蓝图的目的在于对服务系统要素中的时间顺序、行为流程、逻辑关系进行可视化研究，以期实现用户需求与服务系统的匹配（图 3-12）。

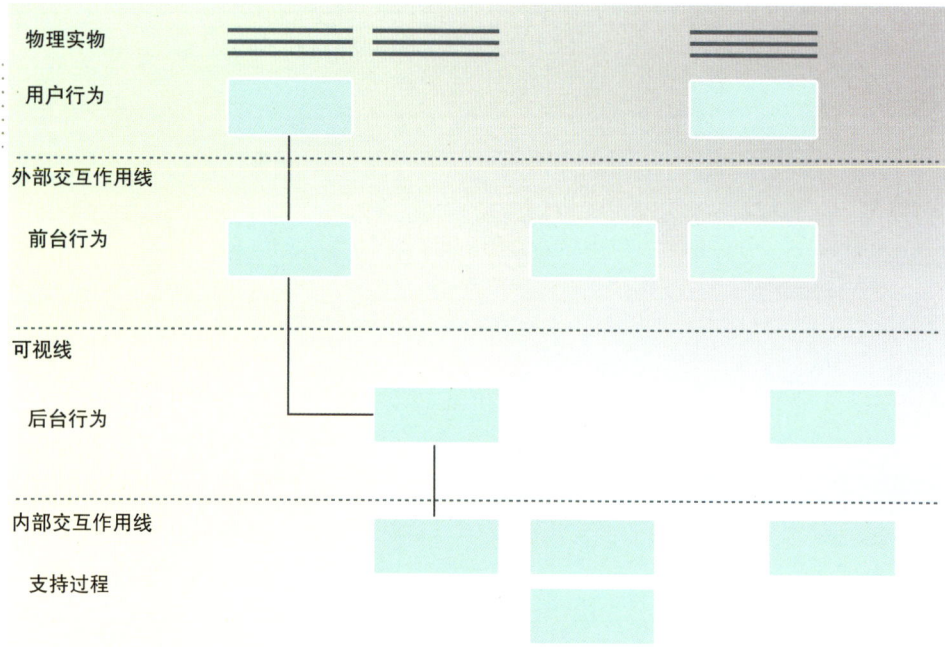

图 3-12　服务蓝图

### 3.3.9　同理心地图

分享有关用户态度和行为的关键假设。

同理心地图是一个以用户为中心的画布，分为四

个象限（说、想、做、感受）。它可以提供关于用户
的整体概况，并识别不同团队成员对同一用户的认知
差异，从而采取干预措施以缓解团队冲突（图3-13）。

图 3-13　同理心地图

### 3.3.10　利益相关者设计工具

确定每个利益相关者的角色和关系动态。

利益相关者设计工具可以用来展示项目中所有涉及的利益相关者，旨在澄清他们的角色和关系。根据具体需求，利益相关者设计工具一般包括三种类型：利益相关者矩阵、动机矩阵和利益相关者地图。

利益相关者矩阵简单地用二维坐标系表示（包括个人影响力或权力和利益相关者的利益），最常用的是门德洛（Mendelow）的权力—利益矩阵（图 3-14）。此外，也可以采用更复杂的动机矩阵来详细说明每个利益相关者通过项目服务给其他人带来的贡献（图 3-15）。

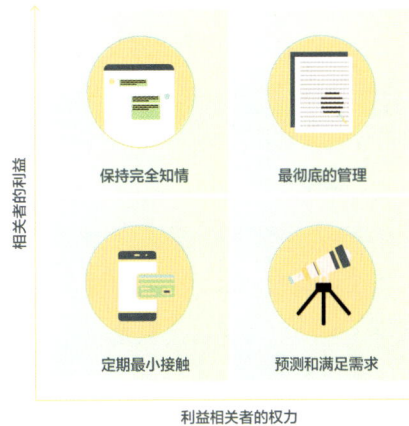

图 3-14　利益相关者矩阵（权力—利益矩阵）

**动机矩阵**

产品：____________

| | 用户A@语境A | 用户B@语境B | 用户C@语境C | 用户D@语境D | 用户E@语境E |
|---|---|---|---|---|---|
| 奖励 | [动机]+[行为] | [动机]+[行为] | [动机]+[行为] | [动机]+[行为] | [动机]+[行为] |
| 成就 | [动机]+[行为] | [动机]+[行为] | [动机]+[行为] | [动机]+[行为] | [动机]+[行为] |
| 社会认同 | [动机]+[行为] | [动机]+[行为] | [动机]+[行为] | [动机]+[行为] | [动机]+[行为] |
| 恐惧 | [动机]+[行为] | [动机]+[行为] | [动机]+[行为] | [动机]+[行为] | [动机]+[行为] |
| 力量 | [动机]+[行为] | [动机]+[行为] | [动机]+[行为] | [动机]+[行为] | [动机]+[行为] |
| 成长 | [动机]+[行为] | [动机]+[行为] | [动机]+[行为] | [动机]+[行为] | [动机]+[行为] |

图 3-15　动机矩阵

利益相关者矩阵中通过横纵坐标交叉产生四类利益相关者：

①最无关紧要的利益相关者（低权力、低利益）：这些利益相关者对项目的影响能力最低，而

且在任何情况下都对项目不关注。无须让他们参与或接触项目，只需对其保持留意即可。

②需要随时了解情况的利益相关者（低权力、高利益）：影响力低但利益攸关的相关方，重要的是让这些利益相关者了解情况确保不会出现问题，这些利益相关者可能无权直接影响决策，但他们的支持和参与对品牌的声誉以及组织的长期生存能力存在影响。

③需要保持满意的利益相关者（高权力、低利益）：尽管这类利益相关者所获利益不大，但由于各种原因，这些利益相关者需要保持知情或满意状态。虽然这些利益相关者可能不会积极参与（甚至不感兴趣）项目的日常运营，但由于他们有能力行使权力，他们必须随时了解情况并参与其中。

④关键参与者（高权力、高利益）：这些是需要密切管理的利益相关者，以确保他们充分参与项目。这些利益相关者拥有高权力和高利益，往往是最有影响力的。

利益相关者动机矩阵旨在可视化（识别）参与者参与系统的动机。旨在从每个利益相关者参与系统的动机的角度来表示解决方案。在矩阵中，需要描述每个利益相关者参与系统的动机和对其他参与者的贡献。

利益相关者地图能确定所有涉及的利益相关者是谁或可能涉及哪些利益相关者，直观地绘制它们并最终分析它们的关系。该工具有时被称为"行动者网络映射"，呈现了系统中参与者和组件网络的整体情况。

尽管存在多种可视化利益相关者地图的方法，但可以确定两种主要的主导风格：在表格中写下利益相关者，或者绘制同心圆并有机地放置参与者（图3-16）。

| 核心人群 | 直接接触人群 | 间接接触人群 |
| --- | --- | --- |
|  |  |  |
|  |  |  |
|  |  |  |
|  |  |  |
|  |  |  |
|  |  |  |
|  |  |  |
|  |  |  |

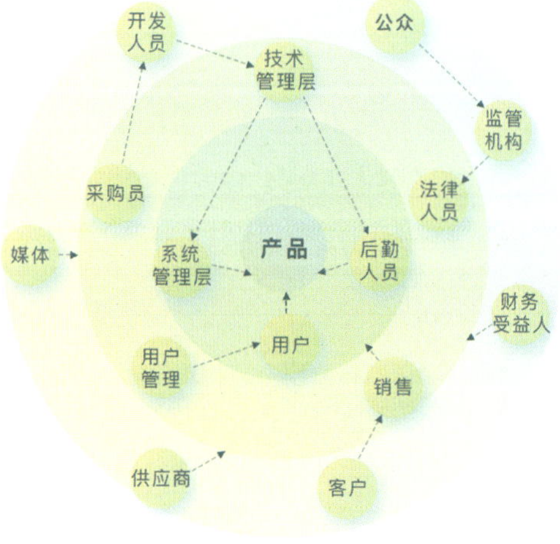

图 3-16　利益相关者地图

在同心圆利益相关者地图中，需要包括五个部分：

①标题：为利益相关者地图提供标题或焦点。

②利益相关者（包括角色）：生态系统中的参与者可以在大型圆形地图上自由排列。它们的位置取决于想要可视化的内容以及如何确定它们的优先级。但通常用户或产品应该位于利益相关者地图模板的中心。

③关系、价值交换：现在，尝试可视化利益相关者之间的某些关系。在许多情况下，它们之间会

发生交易或价值交换。可以绘制小图标或添加大部头文本来解释这些关系。

④地图图例：定义三个圆圈的含义。根据项目，例如，这些可以是"必要、重要、有趣"或"内部、外部直接、外部间接"。只需使用任何有意义的东西来构建生态系统。

⑤侧边栏：侧边栏概述了利益相关者地图中涉及的所有利益相关者和关系。

### 3.3.11 亲和图（K—J 法）

通过归纳和整理数据发现问题本质。

亲和图也称为K—J法、亲和力图或亲和力映射，是一种用于管理的可视化工具。它将头脑风暴会议、研究、会议等过程中收集的数据组织在基于共同关系或主题等有意义的类别下，帮助解决复杂问题，归纳用户需求以及推进产品创新等（图 3-17）。

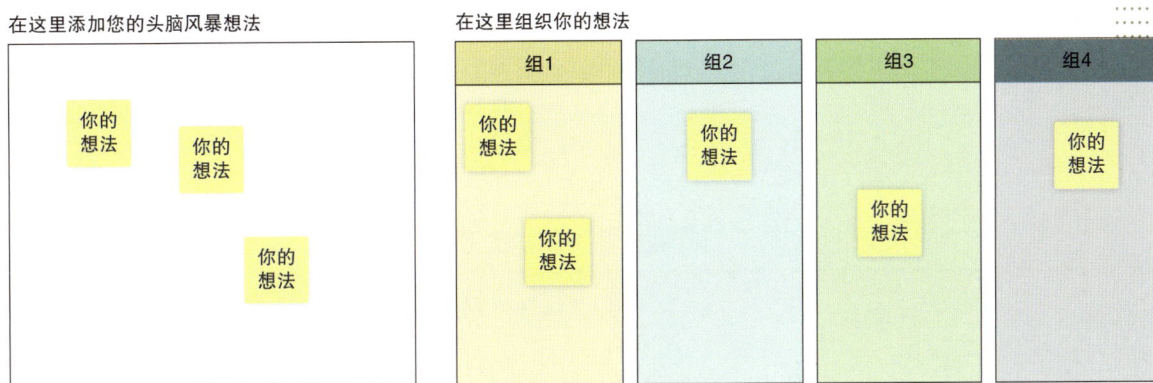

图 3-17 亲和图

### 3.3.12 Kano 模型

根据不同的客户需求对客户满意度的影响，将其分为不同的类别，从而获得有关客户需求的竞争和准确信息。

Kano 模型是狩野纪昭教授于 1984 年提出的关于产品开发和用户满意评估的二维模型，是了解用户满意度和确定产品开发工作优先级的重要工具（图 3-18）。该模型将用户需求分为五类，并描绘了不同需求的实现与用户满意度之间的关系，如表 3-4 所示。M（必备需求）是产品必须具备的功能或属性。如果产品符合要求，用户满意度不会大大提高；否则，用户满意度将大大降低。O（期望需求）是用户期望的功能或属性。需求与用户满意度呈线性关系，它们同时增加或减少。E（兴奋需求）是用户感到兴奋的功能或属性。如果满足这些要求，用户满意度将大大提高；如果不满足，用户满意度不会明显降低。I（无关需求）是用户不关心的功能或属性。在一定条件下，这种需求可以转化为兴奋需求。因此，不应完全忽视它们。R（反向需求）是用户不希望产品具有的功能或属性。反向需求和用户满意度具有相反的关系。此外，还包括 Q（可疑需求），指用户误解了调查问题或问题，没有正确表达自己的意见。

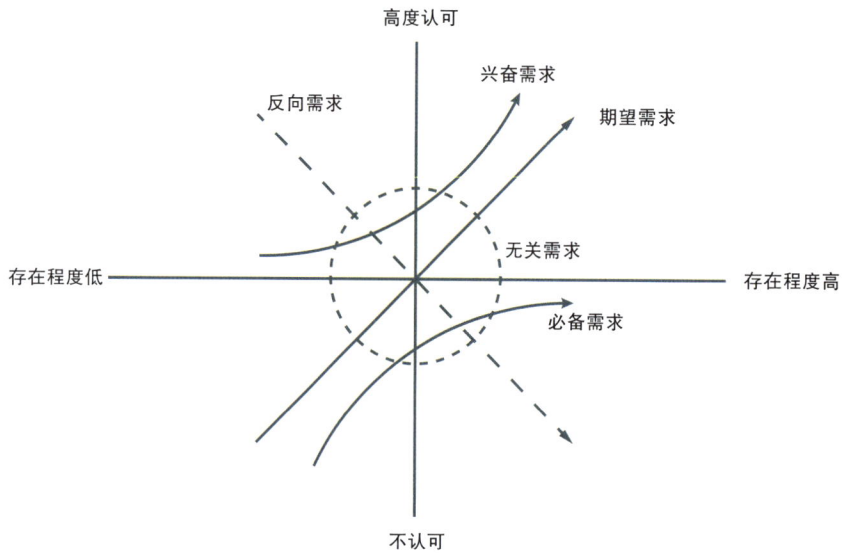

图 3-18　Kano 模型

表 3-4　用户需求类型

| 产品、服务需求 | 反向问题 | | | | | |
|---|---|---|---|---|---|---|
| | 量表 | 喜欢 | 理应如此 | 无所谓 | 能忍受 | 不喜欢 |
| 正向问题 | 喜欢 | Q | A | A | A | O |
| | 理应如此 | R | I | I | I | M |
| | 无所谓 | R | I | I | I | M |
| | 能忍受 | R | I | I | I | M |
| | 不喜欢 | R | R | R | R | Q |

　　本节汇总了智能产品服务系统设计过程中可以用到的相关设计工具，帮助设计者收集并分析用户需求、行为和反馈，为设计提供数据支持和洞察，最终实现用户满意度高、市场竞争力强的智能产品服务系统。

4

第 4 章

评估与迭代

扫码查看本章
教学安排

# 4.1　评估方法

在智能产品服务系统的整个生命周期中，存在大量复杂的连接和交互。在服务过程中，服务提供商需要大量收集用户生成的信息。当公司设计产品或业务流程时，这些数据可用于确定客户需求，从而生成更好的系统设计。因此，设计评估的结果将直接影响智能产品服务系统的发展方向，从而影响系统的后续开发。

在设计阶段对智能产品服务系统进行评估可以降低风险。在传统产品服务系统评估中，其评估标准更加关注经济和环境方面。在产品服务系统评估中，可持续性和客户价值是代表社会整体和用户个体的两个主要视角。基于产品服务系统的生命周期，面向产品服务系统评估还应包括盈利、环境、人力、质量和成本等五个方面的考虑，评估标准包括成本、工作环境和对社会的影响等。此外，智能产品服务系统的价值由其完整生命周期、制造商、客户和其他要素共同创造。随着智能产品服务系统的出现，其更频繁地与环境、用户和其他方面进行交互。随后，对于智能产品服务系统的评估标准，应考虑经济、质量、安全、环境保护等多个方面，并建立相关的定性和定量标准。本节将以多准则决策、标准化可用性评估问卷展开介绍。

## 4.1.1　多准则决策

智能产品服务系统的设计概念评估是一个典型的多准则决策问题。评估准确性很大程度上取决于标准加权方法。一些主观加权方法，如层次分析法和网络分析法，可用于确定智能产品服务系统设计标准的权重。一些客观加权方法，如基于熵的加权方法，可以减少主观加权方法中不确定因素的影响。其中，优劣解距离法、熵权法、层次分析法、模糊综合评价法等作为不同种类的多准则决策方法，适合不同的评估问题，且应用范围较广。

### 4.1.1.1　优劣解距离法

定义：优劣解距离法是一种多准则决策方法，在决策分析中被称为一种逼近"理想解"的排序方法，即通过多个准则对一组替代方案进行排序并选择适当的替代方案。此方法将备选方案从最好到最差进行排名，其中，最优解是该方案的各指标值都取到系统中评价指标的最优值，最劣解是该方案的各指标值都取到系统中评价指标的最劣值。最佳备选方案是最接近最优解的方案，或者是离最劣解最远的方案。

使用步骤：

①多准则决策问题的备选方案和标准选择。为多准则决策问题确定一系列替代方案、标准和子标准，需要对相关的多准则决策问题进行详细的文献综述，并结合专家和决策者的帮助进行考量。

②多准则决策问题的表述。为了表述问题，设 $\{A_1, A_2, \cdots, A_m\}$ 表示 $m$ 个备选方案的集合，这些备选方案使用 $\{C_1, C_2, \cdots, C_n\}$ 表示的 $n$ 个条件进行评估，其权重向量 $\{\omega_1, \omega_2, \cdots, \omega_n\}$ 满足条件 $\omega_j \in [0,1]$, $j = 1, 2, \cdots, n$ 和 $\sum_{j=1}^{n} \omega_j = 1$。设 $A = \left[a_{ij}\right]_{m \times n}$ 是决策矩阵，其中 $a_{ij}$ 是备选方案 $A_i$ 对于标准 $C_j$ 的评价分值。

③决策矩阵归一化。目前研究中有标准化方法，

在此采用向量归一化方法用于归一化决策矩阵 $A$，归一化矩阵用 $R = \left[ r_{ij} \right]_{m \times n}$ 表示，其中 $r_{ij} = \dfrac{a_{ij}}{\sqrt{\sum\limits_{i=1}^{m} a_{ij}^2}}$。

④计算加权归一化决策矩阵 $V = v_{ij}$，其中 $v_{ij} = \omega_j r_{ij}$。

⑤确定最优解和最劣解如下：

$$V^+ = \left[ \left( \max v_{ij}; j \in J \right), \left( \min v_{ij}; j \in J' \right), i = 1,2,\cdots,m \right]$$
$$= \left\{ v_1^+, v_2^+, \cdots, v_n^+ \right\}$$
$$V^- = \left[ \left( \min v_{ij}; j \in J \right), \left( \max v_{ij}; j \in J' \right), i = 1,2,\cdots,m \right]$$
$$= \left\{ v_1^-, v_2^-, \cdots, v_n^- \right\}$$

其中，$V^+$ 和 $V^-$ 分别是最佳理想解和最不理想解，而 $J$ 和 $J'$ 分别是收益和成本类型标准集。

⑥借助欧几里得距离评估分离度量值。$V^+$ 和 $V^-$ 的 $i^{\text{th}}$ 备选项的分离值 $D_i^+$ 和 $D_i^-$ 分别给出如下分离度量值：

$$S_i^+ = \sqrt{\sum_{j=1}^{n} \left( v_{ij} - v_j^+ \right)^2}, i = 1,2,\cdots,m$$

$$S_i^- = \sqrt{\sum_{j=1}^{n} \left( v_{ij} - v_j^- \right)^2}, i = 1,2,\cdots,m$$

⑦使用以下公式计算第 $i^{\text{th}}$ 个备选方案的相对接近系数 $CC_i$，$CC_i = \dfrac{S_i^-}{S_i^+ + S_i^-}$，$i = 1,2,\cdots,m$。然后根据方案的 $CC_i$ 值按降序对所有备选方案进行排名。其中 $0 \leqslant CC_i \leqslant 1$，$CC_i$ 指数值越大，替代方案的性能越好。

### 4.1.1.2 熵权法

定义：熵权法是一种完全基于客观数据和规则确定评估指标权重分配的客观赋权方法，其主要通过分析样本数据中各个指标的值，来判断指标的离散程度。熵是衡量系统无序程度的指标，熵值越小，表明指标的离散程度越大，该指标对综合评价的权重也就越大。

使用步骤：

①构建决策矩阵 $X$。如果在 $n$ 个指标下有 $m$ 个评价对象，则决策矩阵 $X$ 是具有 $m$ 行和 $n$ 列的矩阵，如下所示，其中 $x_{ij}$ 表示第 $j$ 个评估指标下第 $i$ 个评价对象的值。

$$X = \begin{bmatrix} x_{11} & x_{12} & \cdots & x_{1n} \\ x_{21} & x_{22} & \cdots & x_{2n} \\ \vdots & \vdots & \ddots & \vdots \\ x_{m1} & x_{m2} & \cdots & x_{mn} \end{bmatrix}_{m \times n}$$

②对矩阵 $X$ 中的评价指标进行去量纲处理，各指标数据 $x_{ij}$ 标准化后的值记为 $r_{ij}$。在实际决策中，评价指标通常分为三类：越大越好、越小越好、越接近一个指标值 $\alpha$ 越好。对于正向指标，$x_{ij}$ 值越大评价就越好，$r_{ij} = \dfrac{x_{ij} - \min\limits_{1 \leqslant i \leqslant n} x_{ij}}{\max\limits_{1 \leqslant i \leqslant n} x_{ij} - \min\limits_{1 \leqslant i \leqslant n} x_{ij}}$；对于反向指标，$x_{ij}$ 值越大评价就越差，$r_{ij} = \dfrac{\max\limits_{1 \leqslant i \leqslant n} x_{ij} - x_{ij}}{\max\limits_{1 \leqslant i \leqslant n} x_{ij} - \min\limits_{1 \leqslant i \leqslant n} x_{ij}}$；

对于 $x_{ij}$ 的值越接近一个指标值 $\alpha$ 越好时，

$$r_{ij} = \dfrac{x_{ij} - \alpha}{\max\limits_{1 \leqslant i \leqslant n} \left| x_{ij} - \alpha \right|}$$

最终，得到归一化矩阵 $R = \left( r_{ij} \right)_{m \times n}$。

③计算各评价指标的熵 $H_j$。对于同一指标，不同评价对象的值差异较大，说明该指标包含

丰富的有效信息，对评价对象有明显的影响。

$$H_j = -k\sum_{i=1}^{n} f_{ij}\ln f_{ij}, \quad 其中\ f_{ij} = \frac{r_{ij}}{\sum_{i=1}^{n} r_{ij}}, \quad k = \frac{1}{\ln n},$$
$$j = 1,2,\cdots,m。$$

④计算评价指标的熵权重 $\omega_e$，其中，$\omega_{ej}$ 表示第 $j$ 个评价指标的熵权重，$0\leqslant\omega_{ej}\leqslant1$ 且 $\sum_{j=1}^{m}\omega_{ej}=1$，

$$\omega_e = \{\omega_{ej}\}, \quad j=1,2,\cdots,m, \quad \omega_e = \frac{1-H_j}{\sum_{j=1}^{m}(1-H_j)}。$$

⑤计算每个方案的综合评分 $S_i$，$S_i = \sum_{j=1}^{m}\omega_j r_{ij}$，$0\leqslant S_i\leqslant1$，$i=1,2,\cdots n$，$j=1,2,\cdots,m$。

### 4.1.1.3　层次分析法

定义：层次分析法是一种基于将决策问题分解成相互关联的要素层次结构的系统方法，由美国运筹学家匹兹堡大学教授萨蒂（Satty）于 20 世纪 70 年代初提出。该方法将与决策总是有关的元素分解成目标、准则、方案等层次，在此基础之上进行定性和定量分析，从而对多个方案进行比较。

使用步骤：

①定义问题并确定其目标。

②构建层次评价模型。从最高层（决策者观点中的目标）到中间层（后续层次所依赖的标准），再到最低层（通常包含备选方案清单）。

③构建判断矩阵。通过使用相对尺度测量，为中间层的元素构建一组 $n×n$ 的成对比较矩阵。其中，成对比较是判断一个元素相较于另一个元素的优先级。

④在步骤③中开发矩阵集需要 $n(n-1)$ 个判断。在每个成对比较中自动分配倒数。

⑤使用层次综合来根据标准的权重对特征向量进行权重计算，并将权重之和计算在与层次的下一级层次对应的所有加权特征向量条目上。

⑥在做了所有的成对比较之后，通过使用特征值 $\lambda_{max}$ 指标（$CI$），$CI = \frac{(\lambda_{max}-n)}{(n-1)}$，其中 $n$ 为矩阵尺寸。一致性的判断可以通过取 $CI$ 的一致性比（$CR$）与一个适当的值进行检查。如果 $CR$ 不超过 0.10，则可以接受；如果较大，则判断矩阵不一致，应审查和改进判断。

⑦对中间层次结构中的所有层级（准则层、子准则层等）重复执行步骤③~⑥。

### 4.1.1.4　模糊综合评价法

定义：模糊综合评价法是一种基于模糊数学的综合评价方法。该方法基于模糊数学的隶属度理论，将定量评价转换为定性评价，通过将一个复杂的问题或现象分解为多个层次的因素以判断事物。该方法可以与定性和定量因素相结合，从而扩大了信息量并提高了评价结论的可信度，适用于解决模糊和难以量化的问题。

使用步骤：

①确定评价指标集（$U$）和指标权重集（$W$）。评估指标集（$U=\{u_1,u_2,\cdots,u_n\}$）包含 $n$ 个评价指标，这些指标是根据评价对象的情况设计的。比较每个指标的相对重要性，并设置指标权重（$W=\{w_1,w_2,\cdots,w_n\}$），使用层次分析法等加权方法确定权重。

②确定评价集（$V$）和值集（$N$）。评价集（$V=\{v_1,v_2,\cdots,v_m\}$）也称为模糊基本项集，包含 $m$ 个评价级别，每个评价级别分别设置对应的分数值，组成评价集（$N=\{n_1,n_2,\cdots,n_m\}$）。如不及格、差、一般、良好和优秀五个标准，则 $m=5$ 分别对应

0~20，20~40，40~60，60~80，80~100 分数。

③构建评价矩阵。评估隶属矩阵（**R**）如下所示。元素 $r_{ij}$ 在 **R** 的第 $i$ 行和第 $j$ 列中表示评价指标 $U_i$ 对评价级别 $V_j$ 的隶属度。

$$\boldsymbol{R} = \begin{bmatrix} r_{11} & r_{12} & \cdots & r_{1n} \\ r_{21} & r_{22} & \cdots & r_{2n} \\ \vdots & \vdots & \ddots & \vdots \\ r_{m1} & r_{m2} & \cdots & r_{mn} \end{bmatrix}$$

④ 通过模糊变换，建立综合评价模型（$S$）。使用合适的模糊算子将每个被评估事物的 $W$ 与 $R$ 合成为得到每个被评估事物的模糊评价集 $S$，$S=W\cdot R$。其中，"·"是一个模糊算子，常见的模糊算子如下公式所示。$M(\bullet,\oplus)$ 是一种加权平均类型，与其他几种使用更高度的模糊矩阵相比具有更高适用性。

$$\begin{cases} M(\wedge,\vee): s_j = \max_{1\leqslant i\leqslant n}\left\{\min\left(w_i,r_{ij}\right)\right\} \\ M(\vee,\wedge): s_j = \min_{1\leqslant i\leqslant n}\left\{\max\left(w_i,r_{ij}\right)\right\} \\ M(\wedge,\oplus): s_j = \sum_{i=1}^{n}\left\{\min\left(w_i,r_{ij}\right)\right\} \\ M(\bullet,\oplus): s_j = \sum_{i=1}^{n}w_i r_{ij} \end{cases}$$

⑤ 计算总体评价，进行决策。综合评价模型可进一步与相应值集（$N$）相结合，并通过加权平均原理计算，得到最终的评估结果分数（$F$），并根据 $F$ 确定评价等级。

## 4.1.2 标准化可用性评估问卷

通用标准化可用性评估问卷是在产品或系统可用性测试中或测试后，评估用户感知的可用性满意度的技术，通常有一组特定的问题使用特定的格式按照特定的顺序呈现，基于用户的答案产生的度量值具有特定的规则。标准化测量为可用性工作的从业者提供了许多优势，使标准化测量工作更加客观和高效。

### 4.1.2.1 用户交互满意度问卷

用户交互满意度问卷（Questionnaire for User Interface Satisfaction, QUIS）是美国马里兰大学帕克分校人机交互实验室的一个多学科团队创建的标准问卷，用于评估用户对人机界面特定方面的主观满意度。

当前版本的 QUIS7 包含人口统计问卷，从六个维度进行的整体系统满意度测量，分层有序地测量九个特定界面因素，包括：屏幕因素、术语和系统反馈、学习因素、系统功能、技术手册、在线教程、多媒体、远程会议和软件安装。QUIS7 有五种语言和两种长度，每一项使用 9 点的两极量表（图 4-1）。根据 QUIS 网站统计，大多数人使用短的版本，而且只采用其中适用于系统或产品的题项。

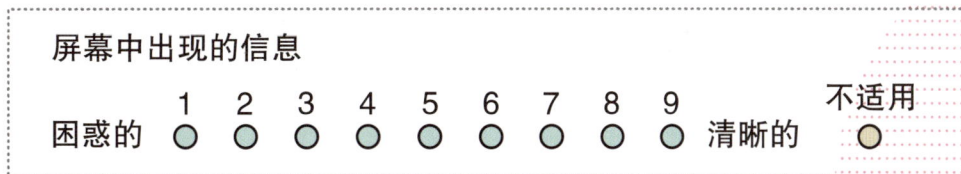

图 4-1 QUIS 题项例子

#### 4.1.2.2 软件可用性测试问卷

软件可用性测试问卷（Software Usability Measurement Inventory, SUMI）是爱尔兰科克大学人因研究组的一项成果。

软件可用性测试问卷有 50 项问题，分为 5 个分量表，每个分量表有 10 项，分别为关于效率、情感、帮助、控制和易学性的评估。其中，25 项问题可组成一个整体量表。SUMI 的题项步距是 3，从"不同意"到"不确定"，再到"同意"。题项包含正面和负面的语句，如"说明和提示是有帮助的""我有时不知道这个系统接下来要做什么"（图 4-2）。

图 4-2　SUMI 题项例子

#### 4.1.2.3 整体评估可用性问卷

整体评估可用性问卷（Post-Study System Usability Questionnaire, PSSUQ）用于评估用户对计算机系统或应用程序所感知的满意度。整体评估可用性问卷的起源是 IBM 的系统可用性度量项目，题项基于五个通用的可用性特征，包括工作的快速完成、易于学习、高质量的文档和在线信息、功能适用性及生产力的快速增长。

第三版的整体评估可用性问卷包括 16 个题项，整体评估可用性问卷有四个分数——一个整体和三个分量表，结果分数介于 1~7，分数低表示更高的满意度（图 4-3）。计算规则是：

①整体：题项 1~16 的反应平均值（所有题项）。

②系统质量：题项 1~6 的平均值。

③信息质量：题项 7~12 的平均值。

④界面质量：题项 13~15 的平均值。

#### 4.1.2.4 系统可用性量表

系统可用性量表（System Usability Scale,

SUS）于 20 世纪 80 年代中期编制而成，作为可用性测试结束时的主观性评估问卷，得到越来越广泛的使用。用户应当在使用被评估的系统后填写 SUS，填写之前不要进行总结或讨论。从业者在向用户解释填写方法时，应当要求用户快速地完成各个题目，不要过多思考。如果用户因为某些原因无法完成其中的某个题目，那么就视为用户在该题目选择了中间值。

SUS 问卷包含 10 个题目，5 分制。奇数项是正面描述题，偶数项是反面描述题（图 4-4）。计算 SUS 得分的第一步是确定每道题目的转化分值，范围在 0~4。对于正面题，转化分值是量表原始分减去 1（$x_i-1$）。对于反面题，转化分值是 5 减去原始分（$5-x_i$）。所有题项的转化分值相加后乘以 25 得到 SUS 量表的总分。所以 SUS 分值范围在 0~100，以 2.5 分为增量。

| 整体评估可用性问卷 | 非常同意 1 2 3 非常不同意 4 5 6 7 | 不适用 |
|---|---|---|
| 01 整体上，我对这个系统容易使用的程度是满意的 | ○ ○ ○ ○ ○ ○ ○ | ○ |
| 02 使用这个系统很简单 | ○ ○ ○ ○ ○ ○ ○ | ○ |
| 03 使用这个系统我能快速完成任务 | ○ ○ ○ ○ ○ ○ ○ | ○ |
| 04 使用这个系统我觉得很舒适 | ○ ○ ○ ○ ○ ○ ○ | ○ |
| 05 学习这个系统很容易 | ○ ○ ○ ○ ○ ○ ○ | ○ |
| 06 我相信使用这个系统能提高产出 | ○ ○ ○ ○ ○ ○ ○ | ○ |
| 07 这个系统给出的错误提示可以清晰地告诉我如何解决问题 | ○ ○ ○ ○ ○ ○ ○ | ○ |
| 08 当我使用这个系统出错时，我可以轻松快速地恢复 | ○ ○ ○ ○ ○ ○ ○ | ○ |
| 09 这个系统提供的信息(如在线帮助，屏幕信息和其他文档)很清晰 | ○ ○ ○ ○ ○ ○ ○ | ○ |
| 10 要找到我需要的信息很容易 | ○ ○ ○ ○ ○ ○ ○ | ○ |
| 11 信息可以有效地帮助我完成任务 | ○ ○ ○ ○ ○ ○ ○ | ○ |
| 12 系统屏幕中的信息组织很清晰 | ○ ○ ○ ○ ○ ○ ○ | ○ |
| 13 这个系统的界面*让人很舒适 | ○ ○ ○ ○ ○ ○ ○ | ○ |
| 14 我喜欢使用这个系统的界面 | ○ ○ ○ ○ ○ ○ ○ | ○ |
| 15 这个系统有我期望的所有功能和能力 | ○ ○ ○ ○ ○ ○ ○ | ○ |
| 16 整体上，我对这个系统是满意的 | ○ ○ ○ ○ ○ ○ ○ | ○ |

*界面包括用于与系统进行交互的部分。例如，有些界面的成分是键盘、鼠标、麦克风和屏幕(包括它们的图像和文字)。

图 4-3 PSSUQ 题项例子

| 系统可用性量表的标准版 | 非常同意 1 2 3 非常不同意 4 5 6 7 | 不适用 |
|---|---|---|
| 01 我愿意使用这个系统 | ○ ○ ○ ○ ○ ○ ○ | ○ |
| 02 我发现这个系统过于复杂 | ○ ○ ○ ○ ○ ○ ○ | ○ |
| 03 我认为这个系统用起来很容易 | ○ ○ ○ ○ ○ ○ ○ | ○ |
| 04 我认为我需要专业人员的帮助才能使用这个系统 | ○ ○ ○ ○ ○ ○ ○ | ○ |
| 05 我发现系统里的各项功能很好地整合在一起了 | ○ ○ ○ ○ ○ ○ ○ | ○ |
| 06 我认为系统中存在大量不一致 | ○ ○ ○ ○ ○ ○ ○ | ○ |
| 07 我能想象大部分人都能快速学会使用该系统 | ○ ○ ○ ○ ○ ○ ○ | ○ |
| 08 我认为这个系统使用起来非常麻烦 | ○ ○ ○ ○ ○ ○ ○ | ○ |
| 09 使用这个系统时我觉得非常有信心 | ○ ○ ○ ○ ○ ○ ○ | ○ |
| 10 在使用这个系统之前我需要大量的学习 | ○ ○ ○ ○ ○ ○ ○ | ○ |

图 4-4 SUS 标准版

#### 4.1.2.5　用户体验的可用性度量

用户体验的可用性度量（Usability Metric for User Experience, UMUX）是一种新的标准化可用性问卷。用户体验的可用性度量的主要目标是使用更少题项，但与 ISO 定义的可用性（有效、高效、满意）更贴切的题项，来获得与 SUS 一致的感知可用性测量。

用户体验的可用性度量的题项的正负语气是变化的，步距是 7，从 1（非常不同意）到 7（非常同意）。最新版本的 UMUX 有 4 个题项，包括一个整体问题以及和效率、有效性和满意度有关联的题项组中最佳的候选题项，"最佳"是指该题项与同时得到的整体 SUS 得分之间具有最高的相关（图 4-5）。

| 用户体验的可用性度量 | | | 非常同意 | | 非常不同意 | |
| --- | --- | --- | --- | --- | --- | --- |
| | | 1 | 2 | 3 | 4 | 5 |
| 1 | 此系统是容易使用的 | ○ | ○ | ○ | ○ | ○ |
| 2 | 这个系统能满足我的需求 | ○ | ○ | ○ | ○ | ○ |
| 3 | 使用这个系统是个令人沮丧的体验 | ○ | ○ | ○ | ○ | ○ |
| 4 | 我需要花许多时间来纠正这个系统的东西 | ○ | ○ | ○ | ○ | ○ |

图 4-5　UMUX 题项

#### 4.1.2.6　有效性、满意度和易用性

有效性、满意度和易用性（Usefulness, Satisfaction, and Ease of Use, USE）问卷是艾米·隆德（Amie Lund）通过标准的心理测量方法开发的一套问卷，用于获取有用性、易用性、易学性和满意度的信息。

有效性、满意度和易用性问卷包括 30 个评分项目，分为四类：有效性、满意度、易用性和易学性。每个项目都是正向陈述（如"我会把它推荐给朋友"），用户需要在一个 7 点李克特量表上给出其同意程度（图 4-6）。

#### 4.1.2.7　标准通用百分等级问卷

标准通用百分等级问卷（Standardized Universal Percentile Rank Questionnaire, SUPR-Q）是一种等级量表，旨在测量网站感知的可用性、可信性（信任）、外观和忠诚度。

标准通用百分等级问卷有 13 项题项，其中 12 项是 5 点分制，从"1= 非常不同意"到"5= 非常同意"，1 项关于推荐的可能性为 10 点分制（图 4-7）。为了计算 SUPR-Q，将前 12 个题项的反馈加上第 13 个题项的一半分数（推荐的可能性）。这些原始 SUPR-Q 分数范围低至 12，高至 65。将原始标准通用百分等级问卷的分数与标准通用百分等级问卷数据库比较，可将整体分数、四个分量表、每个分量表的 13 个题项都转换为百分数。例如，整体标准通用百分等级问卷分数为 75% 意味着测试网站的整体得分高于标准通用百分等级问卷数据库中 75% 的网站。

#### 4.1.2.8　技术接受模型

技术接受模型（Technology Acceptance Model, TAM）认为影响用户对所用技术意图的主要因素是被感知的有用性和易用性。实际技术的使用

## USE

### 有效性

- 它使我的工作更有效:
- 它使我的工作更有收益;
- 它是有用的;
- 它给我更多的收益以管理生活中的各项活动;
- 它使我能够更加容易地完成要做的事情;
- 使用时,它节省了我的时间;
- 它满足我的需求;
- 它可以执行我期望它做的所有事情。

### 易用性

- 它容易使用;
- 它操作简单;
- 它是用户友好的;
- 对我需要完成的事情,它需要尽可能少的步骤;
- 它是灵活的;
- 使用起来不费力气;
- 没有书面说明、我可以使用它;
- 在使用过程中,我没有发现任何不一致;
- 偶尔使用和常规使用的用户都会喜欢它;
- 出错时,我可以迅速且容易地恢复过来;
- 每次我都可以成功地使用它。

### 易学性

- 我可以迅速地学会使用它;
- 我容易记住如何使用它;
- 学起来容易;
- 很快我就可以熟练使用它了;

### 满意度

- 我对它满意;
- 我会把它推荐给朋友;
- 使用起来有趣;
- 它以我所期望的方式工作;
- 它很好;
- 我感到我需要拥有它;
- 使用起来令人愉快。

> 用户在一个7点李克特量表上对这些陈述句的同意程度进行评分,评分等级的两端分别是强烈反对和强烈同意。下划线陈述句的权重比其他陈述句的权重要低。

图 4-6　USE 题项

是受到使用意图影响的,而意图本身受到感知有用性和技术可用性影响。在技术接受模型中,感知有用性就是人们相信技术能提高工作绩效的程度,而感知易用性即人们相信使用技术将不太费力的程度。

技术接受模型中有两张六项的问卷,一张关乎感知有用性,另一张关乎感知易用性。这些问卷的题项采用 7 个步距,从"很可能"到"不可能",每个都是文字标签而不是数字标签(图 4-8)。

本节主要探讨了智能产品服务系统设计评估方法,面向智能产品服务系统的设计评估需要一套综合性的评估体系,通过技术性能、用户满意度、社会效益、环境效益等多个方面的评估,全面确保产品服务系统的质量和市场竞争力。同时,智能产品服务系统设计还需要深入了解用户需求,进行可用性评估。通过收集用户反馈,指导设计优化,提升用户对智能产品和服务系统的使用体验。

| SUPR-Q | 非常同意 | | | 非常不同意 | | | |
|---|---|---|---|---|---|---|---|
| | 1 | 2 | 3 | 4 | 5 | 6 | 7 |
| 01  这个网站容易使用 | ○ | ○ | ○ | ○ | ○ | ○ | ○ |
| 02  在这个网站内导航很简单 | ○ | ○ | ○ | ○ | ○ | ○ | ○ |
| 03  我喜欢使用这个网站 | ○ | ○ | ○ | ○ | ○ | ○ | ○ |
| 04  在这个网站上购物我感到很舒适 | ○ | ○ | ○ | ○ | ○ | ○ | ○ |
| 05  我能够很快在这个网站中找到我需要的 | ○ | ○ | ○ | ○ | ○ | ○ | ○ |
| 06  我能相信在这个网站得到的信息 | ○ | ○ | ○ | ○ | ○ | ○ | ○ |
| 07  我发现这个网站有吸引力 | ○ | ○ | ○ | ○ | ○ | ○ | ○ |
| 08  使用这个网站进行交易我很有信心 | ○ | ○ | ○ | ○ | ○ | ○ | ○ |
| 09  这个网站的演示清晰而简单 | ○ | ○ | ○ | ○ | ○ | ○ | ○ |
| 10  这个网站的信息是有价值的 | ○ | ○ | ○ | ○ | ○ | ○ | ○ |
| 11  这个网站遵守对我的承诺 | ○ | ○ | ○ | ○ | ○ | ○ | ○ |
| 12  将来我还愿意回到这个网站 | ○ | ○ | ○ | ○ | ○ | ○ | ○ |

| | 完全不愿意 | | | | 一般 | | | | 非常愿意 | |
|---|---|---|---|---|---|---|---|---|---|---|
| | 1 | 2 | 3 | 4 | 5 | 6 | 7 | 8 | 9 | 10 |
| 13  你愿意将这个网站推荐给朋友或同事的程度 | ○ | ○ | ○ | ○ | ○ | ○ | ○ | ○ | ○ | ○ |

图 4-7  SUPR-Q 题项

## TAM 感知有用性和感知易用性题项

| 感知有用性 | 感知易用性 |
|---|---|
| 在我的工作中使用【这个产品】让我可以更快完成任务 | 学习使用【这个产品】对我来说很简单 |
| 在我的工作中使用【这个产品】会改善我工作的绩效 | 我发现让【这个产品】做我想做的事情很简单 |
| 在我的工作中使用【这个产品】会增加我的产出 | 我与【这个产品】发生的交互是清晰和可理解的 |
| 在我的工作中使用【这个产品】会提高工作效率 | 【这个产品】在交互中是灵活的 |
| 在我的工作中使用【这个产品】会让我的工作更轻松 | 熟练使用【这个产品】对我来说是简单的 |
| 【这个产品】在我的工作中非常有用 | 我发现【这个产品】很容易使用 |

图 4-8  TAM 感知有用性和感知易用性题项

# 4.2　迭代呈现

产品原型或服务原型是用于快速构建和测试设计方案的简化模型或系统,以便实现设计方案的优化和迭代。在产品开发阶段,设计工作者要经历一系列过程才能达到原型的最终形式。这些阶段因项目而异,从简单的草图和模型到涉及用户测试和反馈的更复杂的原型。

在项目开始时,早期原型是设计师和创作者探索不同想法和概念的起点。这些早期原型可以有多种形式,例如粗略的草图、情绪板和简单的线框图。设计师需要将他们的想法从脑海中写到纸上的一种方式,使想法能可视化并迭代其概念。早期原型开始的好处在于允许设计师尝试不同的方法和风格,而无须在任何一个想法上投入太多时间和资源。他通过快速迭代这些原型,并从其他团队成员或潜在用户那里获得反馈,帮助完善和改进初始想法。

随着项目的进展,原型变得更加复杂和详细,融入了更精细的设计、用户流程和功能。这些中期原型可以采用交互式线框图、可与模型交互,甚至是最终产品的工作模型的形式。它们用于测试产品的功能,并在投资最终开发阶段之前收集用户的反馈。

后期原型最接近最终产品。迭代原型涉及广泛的用户测试、设计和功能的改进以及最终特性和细节的实现。这些原型通常用于向利益相关者和投资者展示最终产品,并在向公众推出产品之前最终确定。

人工智能的发展推动了设计的智能化演进,逐渐将设计过程从"机器辅助的设计师创作"转变为"设计师评估的机器创作"。生成式 AI 影响整个原型过程,通过应用机器学习技术,如反向传播神经网络、遗传算法、卷积神经网络和生成对抗网络,能实现最优设计解决方案探索、设计决策和设计解决方案的自动生成。生成式 AI 可以基于用户编写的提示词自主生成文本、图像、语音、视频和三维模型,由此产生的内容被称为人工智能生成内容。在实际应用中,文本生成 AI 在用户需求分析、竞争分析、头脑风暴和设计指导等方面具有潜在的应用前景。同时,原型设计是实验性的。图像生成 AI 在形状演绎、色彩灵感、风格继承、场景渲染等方面具有潜在的应用。通过利用人工智能的力量,设计师可以尝试新的技术和风格,突破既定形式和结构的界限。

## 4.2.1　文本生成式 AI 模型——ChatGPT

2022 年,Open AI 推出了一款建立在大型语言模型(Large Language Model, LLM)之上的聊天机器人——ChatGPT。由于大型语言模型赋予其理解人类自然语言的能力,ChatGPT 可以根据用户提供的提示词自动创建各种文本,例如生成问题回复、修改和编辑内容、创建诗歌等创意文本,以及在聊天会话中整合信息。

为了制定和设计高质量的提示词,理解并应用各种技巧和策略至关重要,其中包括创新策略,如激励生成式人工智能模型以提高性能。考虑到生成式人工智能无法读取人类的思维,清晰、结构良好的提示语对于促进准确而有意义的生成式人工智能响应至关重要。为了提高与生成式人工智能模型的交流清晰度和效果,需要遵循以下提示词设计原则:

①探索和理解模型的能力:熟悉生成式 AI 模型的优势和局限性,创建利于其专业领域的提示。避

免过于复杂或专业化的查询，这可能超出模型的训练范围。伦理考虑应指导扩展模型能力的任何尝试。

②给予模型思考和推理的机会：为了减少推理错误，构建提示以鼓励全面分析。将复杂任务分解为一系列较简单的问题，使模型在得出结论之前能仔细处理每个要素。

③在提示词设计中发挥创造力：设计独特的提示以鼓励创新见解。普通提示往往会得到普通的回答。保持与最新研究和社区见解的同步，尝试不同的提示设计方法。

④考虑提示词长度：在详细性和简洁性之间找到合适的平衡。虽然细节对于清晰度很重要，但过于复杂的提示词可能会让模型感到困惑。力求简洁，同时不牺牲必要的信息。

⑤使用顺序提示词和迭代改进：对于复杂的问题，采用顺序提问的策略。从广泛的问题开始，根据回答逐渐缩小范围，迭代改进提示的深度和特定性。根据结果调整提示，力求生成高质量的回答。

⑥调试提示词：不断完善提示词，提高回答的准确性和相关性。在面对不期望的结果时，调试是至关重要的，需要根据反馈进行迭代调整。

⑦颠覆互动方式：重新定义传统的用户与 AI 互动方式，鼓励生成式 AI 分析内容而不仅仅是生成内容。允许生成式 AI 进行提问。这种方法可以更好地理解用户的意图。

⑧在保持原始风格的同时改进语法和词汇：在改进文本时，注意语法和词汇，同时保持原始风格。这确保内容保持其初始的语调和形式。

⑨明确陈述要求：通过关键词、规定、提示或指示明确陈述内容生成的特定要求，引导模型朝着期望的结果发展。

⑩对比不同的生成式 AI 模型：将各个模型的输出与一组标准答案进行对比，以确定最适合用户需求的有效模型。

ChatGPT 的提示词公式由两个层级组成：组件和元素。在更高的层级上，任何 AI 提示的构建模块或基础是任务、上下文和指令。任务指的是 AI 模型在回应提示时被训练执行的具体行为或过程。上下文提供了关于任务的额外信息，以帮助 AI 模型理解情境和目标。指令是完成任务或实现期望结果所需的具体步骤或行动。在元素层级上，这些是用来构成组件的块。角色、受众、语气、示例和限制是元素层的五个要素。角色指的是赋予 AI 的属性，例如教员、医生或讲故事者；受众定义了提示的目标个体或群体；语气规定了提示的态度（图 4-9）。

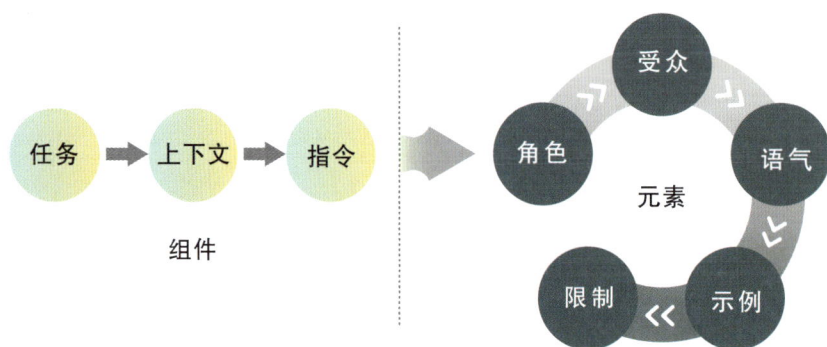

图 4-9　ChatGPT 提示词公式

①定义你的目标：首先要清楚地说明提示的目的。了解用户寻求的特定回复或信息有助于定制提示词以实现所需的结果或交互。

②清晰、切中要害、准确：确保提示简单明了。如有必要，请指定步骤，以避免可能导致不相关回应的复杂性或模糊性。制作一个提示词来获得你想要的，而不是你不想要的。

③分配角色或塑造角色：在考虑特定风格或个性的情况下制作提示词可以塑造生成式 AI 模型与用户交互的方式，从而增强回复的相关性和参与度。

④提供上下文背景：引入相关上下文以帮助模型更好地掌握任务或主题，确保回复符合主题并根据给定情况提供信息。

⑤使用关键概念或关键字：提供特定的关键字或概念来指导模型对查询的理解，确保它专注于相关信息并将其合并到回复中。

⑥确定范围：通过指定要包含或排除的内容来明确定义主题的范围，有助于将模型的回复集中在所需的参数内。

⑦说明长度：如果用户有首选的输出长度，请指定它。根据需要使用其他提示词调整回复的长度。

⑧设定基调：如果回应的语气很重要（例如，正式的、非正式的、随意的、有说服力的），请在提示词中明确说明，使模型的输出与用户的期望保持一致。

⑨指定格式：指示是否需要特定的回复格式（例如列表、论文或分步指南）才能接收所需结构中的信息。

⑩使用示例或模板进行指导：提供示例或模板可以指导 AI 生成符合用户需求的输出，从而提高准确性和效率。此外，用户可以使用分隔符清楚地指示输入的不同部分。

⑪确定目标群体或受众：通过考虑目标受众的人口统计数据和特征来定制提示词，确保输出得到适当的定制。

⑫要求提供证据：为了提高可信度，要求模型提供引用或参考，这也可以阻止产生毫无根据的声明或避免生成式 AI 模型产生幻觉。但是，仔细检查提供的参考点至关重要。

⑬需要观点或讨论观点：征求反映多种观点的回复，以丰富讨论并提供关于该主题的全面观点。

⑭请求讨论输出：鼓励模型提出确认和反驳，促进更具批判性和平衡性的分析。

⑮致力于合乎道德、敏感和公正：强调生成内容中道德、敏感性和公正性的重要性，指导模型在其回复中考虑这些方面。

在产品设计方面，由于 ChatGPT 是一个运行在大型语言模型上的文本生成 AI 应用，它可以协助产品设计师进行竞争分析、头脑风暴和设计指导。由于大型语言模型赋予了 ChatGPT 理解用户情感感受的能力，ChatGPT 还可以协助设计师分析用户需求。此外，通过向 ChatGPT 提供提示词示例，它可以成为图像生成 AI 应用程序的提示词创建者。此功能有助于设计师将用户的抽象情感感受转化为产品设计特征。同时，Deepseek 也是一款可用于文本生成的 AI 大语言模型。

## 4.2.2 图像生成式 AI 模型——Midjourney 和 Stable Diffusion

近年来，许多科技公司继续专注于开发图像生成式 AI。目前，国际知名的图像生成 AI 应用有 Midjourney、Stable Diffusion 和 DALL-E 等。这些应用程序采用卷积神经网络、生成对抗网络、扩散模型和其他深度学习网络，根据用户提示生成高质量的图像。在实际应用中，为了提高生成图像的质量和准确性，用户应该熟悉提示词工程，这是一种促进新型人机交互范式的模型，即用户可以通过优化输入提示来获得有价值的内容。通常，图像生成式 AI 模型的提示由各种短语组成，包括主题、图像样式、照明环境、背景、渲染设置、图像质量和其他控制参数。

在图像生成 AI 中，Midjourney 和 Stable Diffusion 是典型的代表。虽然两者都可以根据用户提供的提示生成图像，但它们之间存在细微的区别。第一，在相同的积极提示下，Midjourney 生成的图像质量高于 Stable Diffusion 生成的图像；第二，Midjourney 强调图像中的艺术、创意和情感表达，通常需要较短的提示来输出美观的结果；第三，Midjourney 部署在基于云的 Discord 服务器上，对本地设备的硬件要求较低，与本地部署的 Stable Diffusion 相比，图像输出的速度和稳定性更高；第四，Stable Diffusion 支持本地部署并且是开源的，允许个人通过训练各种模型（例如 LoRA 模型、Checkpoint 模型）来增强用户的操作体验；第五，Stable Diffusion 中嵌入的 ControlNet 插件可以将线条图转换为三维渲染图像，从而在图像可控性方面超越了 Midjourney。因此，图像生成式 AI 的选择应符合实际应用中的特定设计要求。

### 4.2.2.1　Midjourney

Midjourney 是由大卫·霍尔茨（David Holz）领导的独立研究实验室于 2022 年开发的 AIGC 工具，是基于扩散模型的文本到图像生成器，用户可以通过 Discord 进行访问。通过利用"/imagine"命令并输入关键词和特定参数等提示信息，这个基于人工智能的图像系统会生成与提供的数据相符的四张初步数字图像。随后，用户可以选择使用图像变体功能，以基于相同提示信息获得多种多样的输出图像，或者调整输入提示信息以产生更多独特的视觉效果。

提示词是 Midjourney 用于生成图像的简短文本短语。Midjourney Bot 将提示词中的单词和短语分解为字符串，然后将其与训练数据进行比较，并用于生成图像。提示词可以大幅度影响图像的生成效果。Midjourney Bot 可以使用双冒号（::）作为分隔符来混合多个概念。当使用双冒号（::）将提示分隔为不同的部分时，可以在双冒号后添加一个整数以分配提示的该部分的相对重要性（图 4-10）。

图 4-10　概念混合下生成的图像

在图像生成方式方面，除了文本到图像之外，Midjourney 还支持图像到文本和图像到图像。具体来说，使用官方的"/imagine"命令可以启用文本到图像的功能；"/describe"命令实现图像到文本的转换，"/blend"命令促进图像到图像的转换。除了各种命令外，Midjourney 还提供了多种模式和控制参数，如表 4-1 所示。

表 4-1　Midjourney 功能和参数

| 类别 | 参数 | 功能 |
|---|---|---|
| 模式 | Version | 从最初的 MJ 版本 1 模式到目前的 MJ 版本 5.2 模式,该模式的最新版本在图像质量和准确理解自然语言方面优于前一个版本 |
| | Niiji version | Niiji 模式专注于生成动漫风格的图像 |
| | Remix | 基于生成的图像,调整图像的细节并保留原始图像的特点 |
| | Zoom out | 放大图像并扩展原始图像的内容 |
| 控制 | --iw | 控制初始图像对新图像影响的权重 |
| 参数 | --chaos | 控制一组图像的样式更改 |
| | --ar | 控制生成图像的大小 |
| | --no | 避免在图像中生成无用的内容,相当于反向提示 |
| | --seed | 用于生成风格相似的图像 |
| 命令 | /imagine | 通过文字描述生成图像 |
| | /describe | 通过图像生成文字描述 |
| | /blend | 用已有图像和文字结合生成新的图像 |

Midjourney 需要根据提示词的自然语言描述创建图像，提示词的标准化和准确性极大地影响了使用 Midjourney 生成图像的质量。相关学者提出了一种产品设计提示词公式，并相应地创建了一组应用卡——基于 AIGC 的产品设计中期提示词公式卡（图 4-11）：

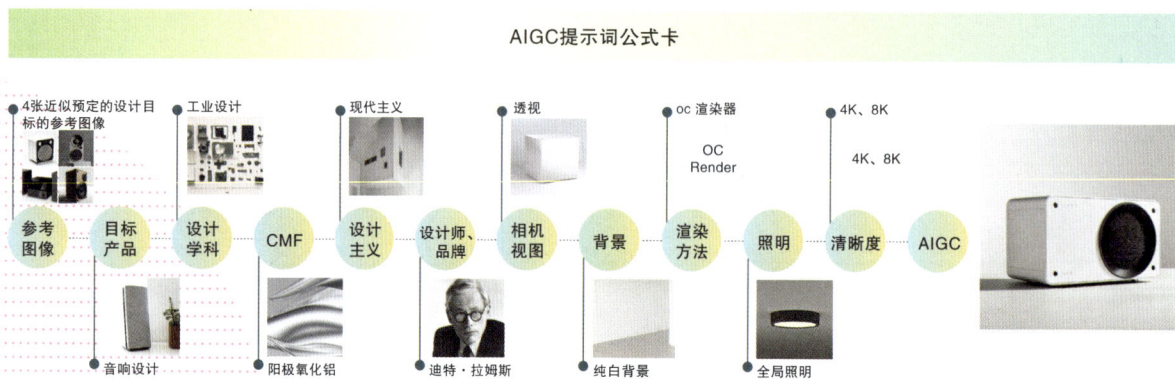

图 4-11　AIGC 提示词公式卡

参考图像 + 目标产品（如音响设计）+ 设计学科（如工业设计）+ CMF（如阳极氧化铝、冷冲压）+ 设计风格（如现代主义）+ 设计师或品牌（如迪特·拉姆斯、苹果）+ 相机视图（侧视图）+ 背景（如白色背景）+ 渲染方法（如 OC 渲染、虚拟渲染）+ 照明（如全局照明）+ 清晰度（如 4K）。

为了方便扩展自己的产品设计 AIGC 提示卡，可使用一些与产品设计密切相关并影响生成质量的关键词，如表 4-2 所示。

表 4-2　产品设计提示词

| 材料 | 工艺 | 设计风格 | 设计师 |
| --- | --- | --- | --- |
| 阳极氧化铝<br>（Anodized Aluminum） | 塑料成型<br>（Plastic Molding） | 现代主义<br>（Modernism） | 迪特·拉姆斯<br>（Dieter Rams） |
| 碳纤维<br>（Carbon Fiber） | 注塑成型<br>（Injection Molding） | 解构主义<br>（Deconstructionism） | 雷蒙·罗维<br>（Raymond Loewy） |
| 不锈钢<br>（Stainless Steel） | 吹塑成型<br>（Blow Molding） | 后现代主义<br>（Postmodernism） | 查尔斯和蕾·伊姆斯<br>（Charies and Ray Eames） |
| 陶瓷<br>（Ceramic） | 挤出成型<br>（Extrusion Molding） | 极简主义<br>（Minimalism） | 菲利普·斯塔克<br>（Philippe Starck） |
| 玻璃<br>（Glass） | 旋转成型<br>（Rotational Molding） | 极繁主义<br>（Maximalism） | 乔纳森·艾维<br>（Jonathan Ive） |

续表

| 材料 | 工艺 | 设计风格 | 设计师 |
| --- | --- | --- | --- |
| 丙烯酸<br>（Acrylic） | 热成型<br>（Thermoforming） | 实用主义<br>（Functionalism） | 卡里姆·拉希德<br>（Karim Rashid） |
| ABS 塑料<br>（ABS Plastic） | 压铸<br>（Die Casting） | 国际主义<br>（Internationalism） | 马克·纽森<br>（Marc Newson） |
| 聚碳酸酯<br>（Polycarbonate） | 砂铸<br>（Sand Casting） | 未来主义<br>（Futurism） | 深泽直人<br>（Naoto Fukasawa） |
| 尼龙<br>（Nylon） | 熔模铸<br>（Investment Casting） | 野蛮主义<br>（Brutalism） | 罗斯·洛夫格罗夫<br>（Ross Lovegrove） |
| 皮革<br>（Leather） | 失蜡铸造<br>（Lost-Wax Casting） | 表现主义<br>（Expressionism） | 理查德·萨帕<br>（Richard Sapper） |
| 木制<br>（Wood） | 真空铸造<br>（Vacuum Casting） | 超现实主义<br>（Surrealism） | 帕特里夏·乌古拉<br>（Patricia Urquiola） |
| 混凝土<br>（Concrete） | 金属旋压成型<br>（Metal Spinning） | 抽象的表现主义<br>（Abstract Expressionism） | 贾斯珀·莫里森<br>（Jasper Morrison） |
| 硅酮<br>（Silicone） | 液压成型<br>（Hydroforming） | 波普艺术<br>（Pop Art） | 英葛·摩利尔<br>（Ingo Maurer） |
| 橡胶<br>（Rubber） | 压模成型<br>（Compression Molding） | 装饰艺术<br>（Art Deco） | 伊夫·贝哈尔<br>（Yves Behar） |
| 黄铜<br>（Brass） | 转送成型<br>（Transfer Molding） | 建构主义<br>（Constructivism） | 马塞尔·万德斯<br>（Marcel Wanders） |
| 铜<br>（Copper） | 发泡成型<br>（Foam Molding） | 后建构主义<br>（Post-Structuralism） | 艾尔菲雷多·哈伯利<br>（Alfredo Haberli） |
| 青铜<br>（Bronze） | 热锻<br>（Hot Forging） | 结构主义<br>（Structuralism） | 海拉·容格里斯<br>（Hella Jongerius） |
| 锌<br>（Zinc） | 冷锻<br>（Cold Forging） | 折中主义<br>（Eclecticism） | 汤姆·迪克森<br>（Tom Dixon） |
| 钛<br>（Titanium） | 辊锻<br>（Roll Forging） | 技术统治风格<br>（Technocracy） | 康士坦丁·葛切奇<br>（Konstantin Grcic） |
| 金<br>（Gold） | 压印<br>（Coining） | 新艺术风格<br>（Art Nouveau） | 史蒂芬·施德明<br>（Stefen Sagmeister） |

续表

| 材料 | 工艺 | 设计风格 | 设计师 |
|---|---|---|---|
| 银<br>（Silver） | 型锻<br>（Swaging） | 工艺美术风格<br>（Arts and Crafts） | 萨姆·赫奇<br>（Sam Hecht） |
| 铂<br>（Platinum） | 拉丝<br>（Wire Drawing） | 环保主义<br>（Environmentalism） | 安藤忠雄<br>（Tadao Ando） |
| 镍<br>（Nickel） | 深拉深冲<br>（Deep Drawing） | 人文主义<br>（Humanism） | 彼得·艾森曼<br>（Peter Eisenman） |
| 锡<br>（Tin） | 旋压<br>（Spinning） | 理性主义<br>（Rationalism） | 比亚克·英格尔斯<br>（Bjarke Ingels） |
| 铁<br>（Iron） | 折弯<br>（Bending） | 原始主义<br>（Primitivism） | 扎哈·哈迪德<br>（Zaha Hadid） |
| 合金<br>（Alloy） | 滚弯<br>（Roll Bending） | 新古典主义<br>（Neo-Classicism） | 诺曼·福斯特<br>（Norman Foster） |
| 环氧基树脂<br>（Epoxy） | 液压弯曲<br>（Hydro Bending） | 新表现主义<br>（Neo-Expressionism） | 让·努维尔<br>（Jean Nouvel） |

#### 4.2.2.2　Stable Diffusion

Stable Diffusion 是 Stability AI 基于潜在扩散模型开发的开源数字艺术和图像编辑工具，该系统由三个部分组成——文本编码器（CLIP）、潜在扩散模型和变分自编码器（VAE）。为了生成图像，Stable Diffusion 将用户输入的文本提示投影到联合的文本——图像嵌入空间中，并选择与输入提示在语义上相近的、粗糙的、噪声较大的图像。然后，该图像通过基于潜在扩散模型的去噪方法生成最终图像。除了文本提示外，Stable Diffusion 中的文本到图像生成脚本还允许用户输入各种参数，如采样类型、输出图像尺寸和种子值。此外，Stable Diffusion 支持多种图像创作功能，包括模型训练、图像生成、放大、编辑和控制。

#### （1）模型训练

Stable Diffusion 的模型训练方式可分为四类：文本反转、DreamBooth、LoRA 和原生训练。

文本反转是一种从少量示例图像中捕获新概念的技术，使原有模型可以学习和应用新的文本嵌入，从而使用户能使用这些模型原本未知的文本生成符合特定需求或风格的图像。

DreamBooth 适用于训练模型对物体的认知，从而实现对图片的细节微调。这种方法通常在少量特定风格或主题的数据上进行微调，使模型能生成高度定制化的图像。DreamBooth 在需要高度精准和个性化的图像生成场景，如品牌营销和个性化艺术创作中，具有显著优势。

LoRA 通过添加低秩矩阵来适应模型的参数，使其能处理新的任务或风格。LoRA 保持了原模型的大部分权重不变，减少了训练复杂度和计算成本，非常适合需要在多个任务之间共享一个基础模型的情况，如跨领域的图像生成。

原生训练适用于训练模型画风，需要较多的数据集。这种方法通过从头开始训练模型或在大规模数据上进行重新训练，使其能生成高质量的图像。原生训练通常需要大量计算资源和时间，但可以满足最高质量和定制化需求，适用于大规模商业应用和开发全新生成模型。

### （2）图像生成

图像生成可以根据文本提示和参数调整生成图像，Stable Diffusion 中的提示词和参数指令如表 4-3 所示。

表 4-3　Stable Diffusion 提示词和参数

| 提示词 | 功能 |
| --- | --- |
| 必要提示词 | 用于生成图片的文本提示，包括提示词和权重 |
| Height | 将生成的图像的高度，以像素为单位，增量可乘以 64 |
| Width | 将生成的图像的宽度，以像素为单位，增量可乘以 64 |
| Cfg_scale | 提示文本对生成图像的影响程度，较高值会使图像更接近提示（0~35） |
| Clip_Guidance_Preset | 提供预设的文本提示 |
| samplers | 选择在扩散过程中使用的采样器 |
| samples | 确定生成图像的数目（1~10） |
| seed | 随机噪声种子，默认值是零，不同的数值能生成不同图像（0~4294967295） |
| Steps | 要运行的扩散步骤数（10~50） |
| Style_preset | 输入样式预设值，以引导图像模型确定特定样式，例如，3D 模型、数字艺术、电影的、霓虹朋克、瓷砖质地，此样式预设定值列表可能会更改 |
| extras | 传递给生成器的额外参数，这些参数在用于开发或实验功能时可能会在没有警告的情况下发生变化，因此需要谨慎使用 |

（3）放大

Stable Diffusion 可以将尺寸介于 64x64 像素和 100 万像素之间的图像放大至 4K 分辨率，一般可以将图像放大 20~40 倍。放大功能可分为偏向还原的放大方式，保留图像的所有细节，最大限度地减少对图像的改动；以及更具创意性的放大方式，可以根据创意比例对原图像进行大量的重构处理。它更适合处理严重降质的图像。

（4）编辑

Stable Diffusion 的图像编辑功能包括擦除、修补、扩展、查找和替换或去除背景。擦除功能使用图像蒙版来去除不需要的对象，例如肖像上的瑕疵或桌子上的物品。修补功能能智能地修改图像，通过根据遮罩图像的内容填充或替换指定区域的新内容。扩展功能能在图像中插入额外的内容，以填充图片外缘任意方向的空白处。与其他自动化或手动扩展图像内容的应用相比，扩展功能能最小化痕迹，使得原始图像经过编辑的痕迹不明显。查找和替换功能是一种不需要遮罩的修复图像功能，用户可以利用一个工具来简单描述要替换的对象，即可自动分割图像中的对象并将其替换为提示词中要求的对象。去除背景功能可以准确地将图像中的前景与背景分割开来，并实现去除背景。

（5）控制

控制可以通过草图或结构功能，将用户提供的图像或草图生成精确的、可控制变化的图像。其中，草图功能适合应用于需要头脑风暴和频繁迭代的设计项目，它可以将粗糙的手绘草图输出为精细的图像，并具备精确的控制能力。对于其他图像，它可以通过利用图像中的轮廓线和边缘进行外观生成。结构功能通过保持输入图像的结构，重新创建场景或模型渲染。

### 4.2.2.3 迭代实践

目前，越来越多的企业开始实际应用 AI 来设计迭代产品和优化服务系统。AI 不仅能加快设计过程，还能通过数据分析提供洞见，帮助创造出更加符合用户需求的产品和服务。以下是设计团队基于研究和实践总结出的利用 AI 设计迭代产品和服务系统的一般步骤及案例。

（1）确定设计目标

首先，需要明确使用 AI 赋能设计的目标，包括产品的功能性、外观设计、性能提升以及目标用户和使用场景等多方面因素，这个目标通常基于商业需求或市场以及用户期望。例如，以心情为中心的设计是一种以激发或回应用户的心情为目的，试图创造与用户心理产生共鸣的产品或体验的设计理念。学者薛海安等曾开发了 20 种心情粒度，包括 9 种积极心情、7 种消极心情和 4 种模棱两可的心情，从而更精确地满足用户对特定心情的需求，如表 4-4 所示。故在此，设计师希望设计一系列能通过视觉形态使用户产生积极心情的座椅，并使用 AI 进行设计方案生成与迭代。

（2）使用 ChatGPT 生成提示词短语

其次，使用文本生成型 AI——ChatGPT 生成适合使用 Midjourney 生成具有目标设计特征的产品图像形容词。为了使用 ChatGPT 获得合适的图像形容词，需要明确 AI 所扮演的角色、需要完成的任务，并提供详细的设计背景信息，如表 4-5 所示。

表 4-4  20 种心情粒度

| 积极心情 | 消极心情 | 模棱两可的心情 |
|---|---|---|
| 放松的、松弛的（Relaxed） | 凄凉的、苦情的、辛酸的（Miserable） | 多情的、感伤的（Sentimental） |
| 平静的、安静的、和平的（Peaceful） | 抑郁、烦闷的、郁闷的（Gloomy） | 沉重的、郑重的（Serious） |
| 令人愉快的、高兴的、欢乐的（Cheerful） | 昏昏欲睡的（Lethargic） | 喧闹的（Boisterous） |
| 富有成效的、充实的、有成就感的（Productive） | 暴躁的（Grumpy） | 反叛的、叛逆的（Rebellious） |
| 朝气蓬勃的、充满活力的（Vigorous） | 烦躁的、焦躁不安的（Agitated） | — |
| 亲切友好的、和蔼可亲的（Amiable） | 担心的、焦虑的、烦乱的（Anxious） | — |
| 梦幻般的、朦胧的（Dreamy） | 心力交瘁的、焦虑不安的（Stressed） | — |
| 咯咯笑的（Giggly） | — | — |
| 欣喜若狂的，欢呼雀跃的（Jubilant） | — | — |

**（3）使用 Midjourney 生成产品形态**

随后，使用上述生成的提示词短语，使用 Midjourney 生成产品形态。关于生成彩色图像，目前主要有三种基于 Midjourney 的彩色图像生成方法，每种方法的操作步骤说明如下。

方法一：文本生成图像。首先，向 ChatGPT 发送与目标生成图像相关的提示词示例。其次，要求 ChatGPT 充当提示创建者，生成适用于 Midjourney 的提示短语。最后，基于生成的提示短语，使用"/imagine"命令和控制参数生成新的图像。

方法二：图像生成图像。首先，收集大量相关图像，并邀请专家通过问卷对这些图像进行评估。经过信度和效度分析，选出得分最高的前两张图像作为代表性图像。随后，使用"/blend"命令合并两个图像，生成新的图像。最后，使用"Remix"模式增强新生成图像的目标属性。与两张代表性图像相比，新生成的彩色图像不仅继承了原始图像的构图和特征，而且更倾向于目标属性。

表4-5 对话案例（以生成符合令人愉快的心情的椅子形态为例）

| 内容 | 中文翻译原英文提示词（略） |
| --- | --- |
| 提示 | 你是一位成熟的产品设计师，你发现当今市场上有大量的椅子，但产品形态仍然可以进一步丰富<br><br>你需要使用头脑风暴方法来创建新的椅子形态，该产品具有与以前不同的新形态结构，可供所有年轻人使用，具有正常的尺寸和符合人体工程学<br><br>该产品旨在带来积极的情绪，使用户感到非常兴奋、亢奋和幸福。使用者精力充沛，欣喜若狂。产品以相同的颜色、相同的角度生成<br><br>请根据上述内容生成要在 Midjourney 中使用的提示 |
| 回复 | 当然，这是一个转译后适用于 Midjourney 的提示：<br><br>提示："设计一把全新的创新椅子，从众多现有设计中脱颖而出。椅子应具有独特的形态结构，不同于传统设计，同时保持正常的尺寸并符合人体工程学。它应该面向年轻人并能唤起强烈的积极情绪。椅子的形态应该让用户感到兴奋、亢奋和幸福，让他们充满活力和欣喜，使用充满活力的色彩。角度和透视应突出椅子的动感和现代设计。"<br><br>此提示能指导 Midjourney 生成符合您规格的高质量图像 |

方法三：图像转为文本。首先，收集大量相关图像，并邀请设计师通过问卷调查对这些图像进行评估。经过信度和效度分析，选择得分较高的图像作为代表性图像。使用 "/describe" 命令反向生成可以描述代表性图像的提示，并筛选出关键的提示短语。最后，在 "/imagine" 命令中输入关键的提示短语和目标图像形容词，同时使用 "--chaos" 控制参数生成新的图像。

该设计实践中，在 Midjourney 6.0 版本中多次输入 "/imagine" 命令，每次运行可以获得四个形态图像。由于该设计实践以产品形态为目标，作者对生成的一系列图像进行了去色处理，并构成图像数据库，如图4-12所示。

图4-12 代表积极心情的椅子形态的图像数据库

接着，从图像数据库选择具有代表性的形态。为了选择具有代表性的形态，可以邀请用户在产品形态的图像数据库中评估每个形态与心情粒度的匹配程度。采用 7 点李克特量表，经过信度和效度分析后，筛选出 4 个具有代表性的形态，如图 4-13 所示。

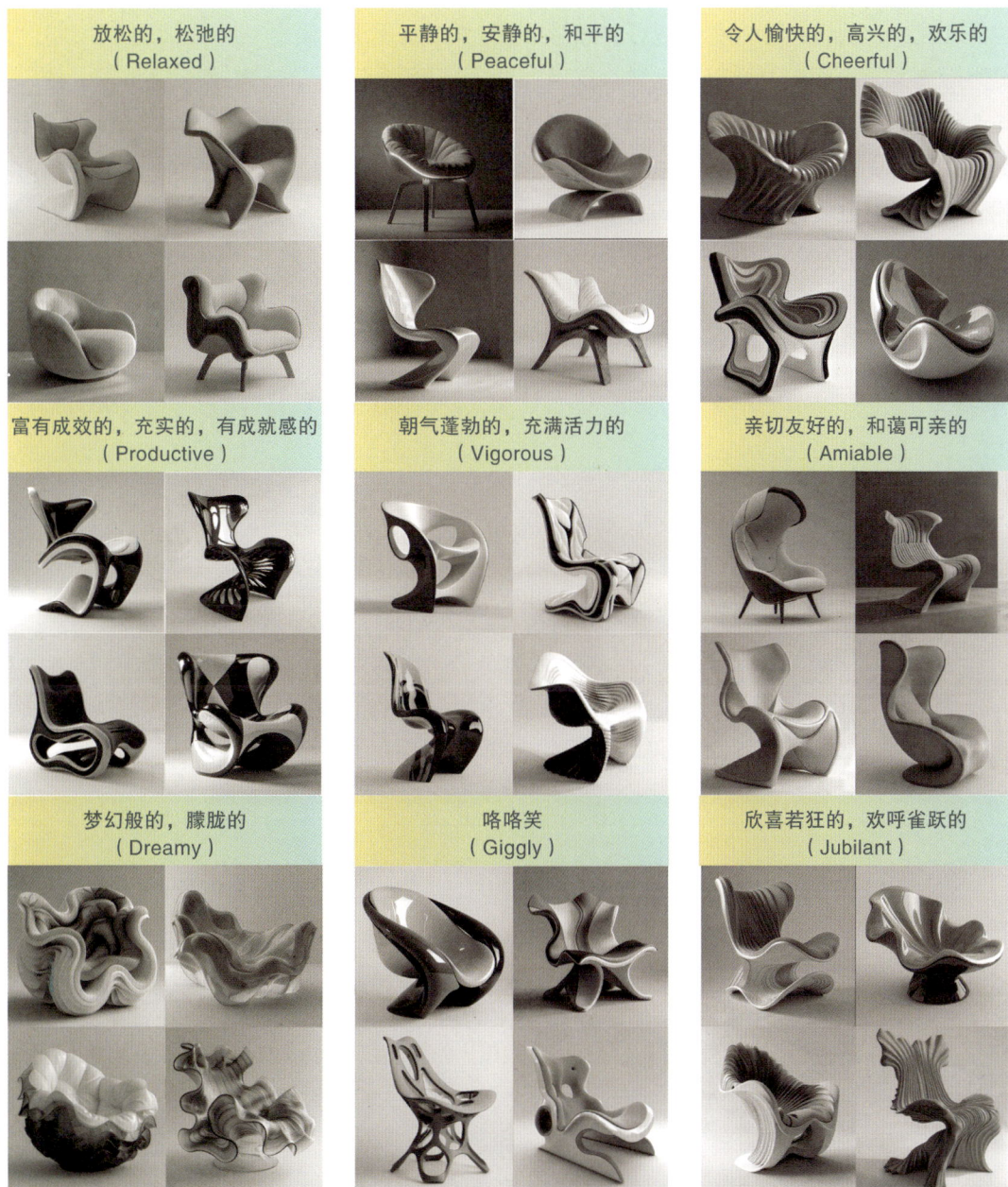

图 4-13　具有代表性的椅子形态图像

**（4）基于 Midjourney 进行产品迭代**

Midjourney 等 AI 工具能根据图像生成相应的提示词描述，从而能在原图像的基础上迭代出大量图像，这为设计师提供了更多创意的可能性。在产品快速迭代过程中，设计师可以将评估后的理想设计方案作为起点，优化和迭代现有设计，使用"/describe"命令和图像，得到设计方面的详细描述，从而再次使用 Midjourney 进行设计生成或根据描述自行设计方案。通过这种方式，不仅可以产生新颖的设计方案，还能与原有方案一样契合用户需求

与市场趋势，确保产品在形态和功能上具备竞争力。此外，中途生成的描述形态词可以帮助设计团队跨部门交流，提供更具体的设计语言，使设计想法更容易被工程、市场和用户体验团队理解，从而加快产品开发进程。

因此，设计师通过问卷调研，在上述代表性的椅子形态方案中得到一款最符合该心情粒度的椅子形态，总共形成 9 款能体现不同心情粒度的椅子，并生成了对应的提示词，如表 4-6 所示。

表 4-6　椅子形态图像和生成的对应描述

| 目标图像形容词 | 图像 | 反向生成提示词（原英文提示词略） |
| --- | --- | --- |
| 放松的，松弛的（Relaxed） | | 一张以詹姆斯·特瑞尔（James Turrell）风格设计的扶手椅的黑白照片。椅子由浅灰色的天鹅绒织物制成。它具有弯曲边缘的有机形状，放置在纯灰色背景上，以一定角度观看以突出其柔软的质地。该图像采用产品摄影风格，具有高分辨率并注重细节，非常写实 |
| 平静的，安静的，和平的（Peaceful） | | 一把极简主义的躺椅，具有有机的弧形形状和木纹纹理，以 E 风格设计。重点是其独特的设计元素——流畅的线条、曲线、浅灰色、木质纹理和突出其轮廓的微妙灯光效果。这件作品象征着家具设计的现代主义简约风格，将形式与功能融为一体，适合日常使用 |

续表

| 目标图像形容词 | 图像 | 反向生成提示词（原英文提示词略） |
|---|---|---|
| 令人愉快的，高兴的，欢乐的（Cheerful） | | 这款椅子结合黑色、白色和灰色的有机流畅曲线和几何图案，采用扎哈·哈迪德（Zaha Hadid）的风格设计。通过未来主义的有机形状和生物形态，该产品体现了有机建筑和超现实主义的原则。单色配色方案增加了整体美感 |
| 富有成效的，充实的，有成就感的（Productive） | | 以扎哈·哈迪德（Zaha Hadid）风格设计的椅子由黑白陶瓷制成，具有流畅的曲线和起伏的轮廓，营造出抽象的形式。形状体现了波浪或水波纹的外观。通过浅色调和暗色调之间的高对比度，使人们的眼睛产生强烈的视觉冲击 |
| 朝气蓬勃的，充满活力的（Vigorous） | | 3D 打印参数化椅子的灵感来自维纳尔·潘顿（Verner Panton）标志性的"Vitra S"雕塑的蜿蜒曲线，由黑白钢制成，采用单色配色方案。该设计以流畅的线条为特色，相互流动，营造出一种视觉错觉，在其简约而引人注目的外观中赋予作品深度感。这是一幅高分辨率的 3D 插图，适用于室内装饰或产品摄影展示 |
| 亲切友好的，和蔼可亲的（Amiable） | | 扶手椅的设计灵感来自生活中的形状和曲线，不是直的而是弯曲的，由灰色塑料材料制成，线条流畅，背景简单，没有任何透视效果。扶手椅可以独立站立，周围没有任何家具或其他元素。它有两个大翼，为人们创造了在坐下时可以休息手臂和背部的空间，以独特性和极简主义的设计风格体现了舒适与优雅 |

续表

| 目标图像形容词 | 图像 | 反向生成提示词（原英文提示词略） |
|---|---|---|
| 梦幻般的，朦胧的（Dreamy） | | 一种灰色、柔软的玻璃材质，呈波浪形，半透明且半硬，3D 渲染效果，无背景。整体形状类似于抽象的花或水果碗，具有柔和的曲线和起伏的线条。它具有反射光线的光滑表面，呈现出流畅和优雅的感觉。这件作品通过光与影的相互作用营造出梦幻的氛围，以抽象艺术家的风格展示了其独特的设计风格 |
| 咯咯笑的（Giggly） | | 一张抽象椅子的黑白照片，类似于丝带或花瓣的形状，有机曲线围绕其轮廓流动。该设计的灵感来自扎哈·哈迪德（Zaha Hadid）的流体形式和区块链符号，营造出独特的坐姿体验。它具有多个深度层次，每层体现不同深浅的灰色织物条带。这件作品体现了现代主义美学，同时展示了复杂几何形状中的美感 |
| 欣喜若狂的，欢呼雀跃的（Jubilant） | | 由垂直条带制成的 3D 打印抽象椅子。这把椅子由一系列细的垂直条带组成，这些条带经过 3D 打印并以抽象、立体的方式排列。其结果是一件独特且具有视觉冲击力的家具，挑战了传统的椅子设计 |

在人工智能技术的帮助下，设计师可以提高设计效率，专注于发散设计灵感。本节介绍了目前国际上主要的文本生成型和图像生成型的人工智能，结合使用案例详细说明了一种 AIGC 赋能下的产品原型设计步骤，以帮助设计师更好地利用人工智能技术，最大化设计的创新性和市场价值，并加速设计迭代过程。

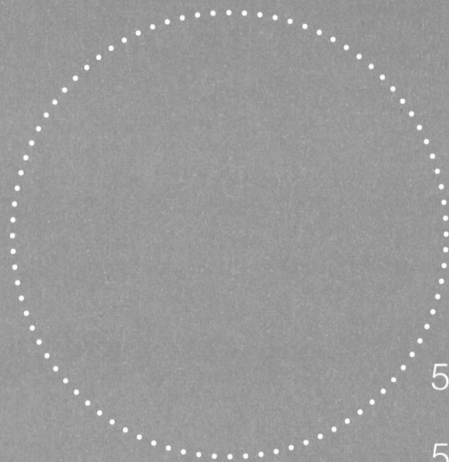

# 5

## 第 5 章

# 系统构建与
# 设计案例

扫码查看本章
教学安排

# 5.1 多感官驱动智能时尚产品服务系统设计

智能时尚产品服务系统设计强调系统的整体性，用户通过交互体验一系列智能时尚设备所带来的便利和舒适。例如，智能手环、语音助手、时尚背包设备可以协同工作，提供个性化的时尚环境。这种设计不仅关注硬件设备本身的性能，还包括整个服务系统的易用性、连通性和用户体验。

多感官体验在各个产业领域中都有广泛的应用。在时尚业，多感官元素如音乐、灯光和舞台设计被用于创造引人入胜的时装秀；服装设计依赖于材质、纹理和质地增强触觉感知，吸引消费者购买。在餐饮业，食物的外观、口感和香味的组合影响人们对食品的整体感知，同时提高食客的食欲和满意度评价。在产品制造业，采用创新的触觉技术和声音反馈改善产品的交互性和可用性。

总的来说，多感官体验应用于智能产品服务系统设计具有多重意义。从用户视角看，其满足了现代消费者更加注重全面感知和情感体验的需求转变——他们希望智能产品和服务不仅在功能上出色，还要提供愉悦、吸引人的多感官体验。从企业视角来看，其可以增加智能产品和服务的吸引力，提高客户满意度，进而增加销售和收入，也有助于品牌建立深刻的情感联系，使客户更倾向于回购并成为品牌的忠实支持者。因此，通过对多感官设计的优化，可以增强用户对智能产品的感知和情感联系，使智能产品服务系统成为一种时尚且富有温度的生活方式。

## 5.1.1 模型构建
### 5.1.1.1 多感官与时尚体验
（1）多感官

在生理学中，多感官综合了视、听、嗅、味、触多种感觉器官，涵盖多种感官系统。由于人脑对于多种感觉信息加工后的认知判断更准确、响应更快速，因此当下许多学者聚焦于多感官方面的研究。斯宾塞（Spence）提出"多感觉整合"概念，是指神经系统整合来自不同感觉模式的信息，以此来认知外界环境。不同的感觉通道信息，如视觉、听觉、嗅觉等，以及同一通道内的不同感觉信息，如视觉中的光线、色相，听觉中的频率、音调等是感觉信息的两种不同来源。研究表明，跨模态一致能增强（时间、空间）多感官整合，比如物体的大小和音高的跨模态一致能增强视、听觉之间的耦合强度。在感官营销领域，多感觉整合通常影响人们对产品的愉悦度和质量的感知或评价。譬如，李沛等人提出的多感官和情绪混合量表证明了视觉与触觉结合有助于丰富线上服装定制的消费体验，提升消费者购买意愿。因此，面向多感官的设计能体现在用户的愉悦感知、认知意义或行为活动等方面（表5-1）。

表 5-1　多感官相关文献

| 作者（时间） | 相关观点 |
| --- | --- |
| 扎奇奥<br>（Zazio, 2019） | 当大脑同时受到一定跨通道交互作用时会增强感知 |
| 斯宾塞<br>（Spence, 2020） | "多感觉整合"指利用不同感觉通道中具有相容属性的刺激来认知世界 |
| 文小辉，李国强，刘强<br>（2011） | 不同感觉通道的信息和同一通道内的不同感觉信息是人脑获取的两种感觉信息 |
| 李沛，等<br>（Li, Wu & Spence, 2020） | 触觉和视觉多感官感知整合有助于塑造消费者积极态度和购买意向 |
| 斯宾塞<br>（Spence, 2019） | 刺激之间的跨模态对应影响消费者的愉悦性、认知意义或行为活动等方面 |

**（2）时尚体验**

时尚体验内涵与本质的相关理论研究始于 19 世纪，对时尚的讨论逐渐渗透到了哲学、社会学、心理学等领域。齐美尔（Simmel）把时尚看作一种由少部分人发起、多数人模仿的社会现象，具有变化活跃、分级性等特点。《牛津词典》将"时尚"（Fashion）定义为了三个层次：第一，指流行款式（Style），即在某些特定的时间和特定场合中存在的一种时新式样，特别是在服装、鞋类、配饰、化妆品等方面；第二，指潮流行为（Behavior），即一种外显行为方式的传播现象；第三，指时尚产业（Industry），是由时尚产品的设计制造和商业经营方式产生的，包括时尚产品制造业以及时尚服务业。

积极体验指用户在活动中获得愉悦，并推动长期进步的一种正向体验。谢尔顿（Sheldon）提出了十个令人愉悦的内在心理需求（包括自尊、相关性、自主性、能力、快乐刺激、身体活力、自我实现意义、安全性、受欢迎度、财富）。基于此，哈森扎尔（Hassenzahl）进一步提炼了七项动机需求作为影响积极体验的要素。德斯梅特（Desmet）将幸福感的三个来源转化为积极体验设计框架：为愉悦设计、为意义设计、为美德设计。（表 5-2）。

表 5-2　时尚体验相关文献

| 作者或来源（时间） | 相关观点 |
| --- | --- |
| 齐美尔<br>（Simmel, 2001） | 时尚是一种满足社会调适需要的"上行下效"的模仿形式。具有变化活跃、分级性的特点 |
| 陈文晖<br>（2018） | 时尚的范畴包括生活习惯、行为模式或文化理念三个方面 |
| 牛津词典 | 时尚的定义有三个层次，分别为流行款式、潮流行为、时尚产业 |
| 谢尔顿，等<br>（Sheldon et al., 2001） | 提出自尊、相关性、自主性等十个心理需求作为满意体验的特征 |
| 哈森扎尔，伯梅斯特，科勒<br>（Hassenzahl, Burmester &<br>Koller, 2021） | 自主性、技能性、相关性、流行性、刺激性、安全性等七类动机需求作为影响积极体验的要素 |
| 德斯梅特，波尔迈耶<br>（Desmet & Pohlmeyer, 2013） | 积极体验设计框架包括为愉悦设计、为意义设计、为美德设计 |

基于以上对时尚与积极体验定义，即时尚包含了流行式样、潮流行为、时尚产业三个层面，积极体验包括了愉悦、意义、美德三部分。在以上定义基础上，结合设计强相关性原则，本书将时尚体验解释为一种通过流行样式、潮流行为而进行感官交互的认知活动，以实现个体对潮流文化的愉悦感知，提升自我身份的价值认同。

### 5.1.1.2　多感官驱动时尚产品服务系统设计模型

时尚体验的概念可通过两个主要维度进行深入分析，包括时尚的两种呈现形式，即流行式样与潮流行为，以及体验目标，即获得愉悦感知与达成价值意义两个方面。流行式样是指在特定时间和环境中广泛流行的审美表现形式或设计元素。此概念不限于服装时尚领域，它同样适用于家居装饰、建筑设计、美术、音乐，甚至是技术和消费品设计等多个领域。潮流行为指的是在特定时间内被社会群体广泛接受和模仿的行为模式或活动。这种行为通常是由文化、媒体、名人或其他形式的公共影响力所推动的，反映了当前流行的社会趋势和价值观。总体而言，流行式样是时代、文化和技术发展的反映，它不断变化和发展，影响着人们的生活方式和审美偏好；潮流行为是社会文化动态的一个重要方面，不仅反映了社会大众的当前兴趣点和价值观，也影响着消费者的行为和生活方式的选择。

愉悦感知是指个体在与外部环境互动时所经历的积极、满足和快乐的感觉。这种感知可以源自多种感官体验，如视觉、听觉、触觉、嗅觉和味觉，也可以是心理上的感受，如情感满足、心理舒适或精神愉悦。而价值意义是指个人或社会群体所赋予某事物的重要性、价值或意义。这种价值通常源自个人实现长远目标时所获得的成就感与进步感。其基于个人的信念、文化背景、经验或社会共识，并影响人们的行为、选择和判断。总体来说，愉悦情绪更容易从即时的、瞬间的享乐中获得，而有意义的体验更需要时间的积累，强调从道德、情感、社会和文化等非物质方面达成。

基于此，提出了一个多感官驱动智能时尚产品服务系统设计模型假设，如图 5-1 所示。该模型综合了四个旨在启发时尚感知的设计路径，每个路径分别对应四个不同的象限。

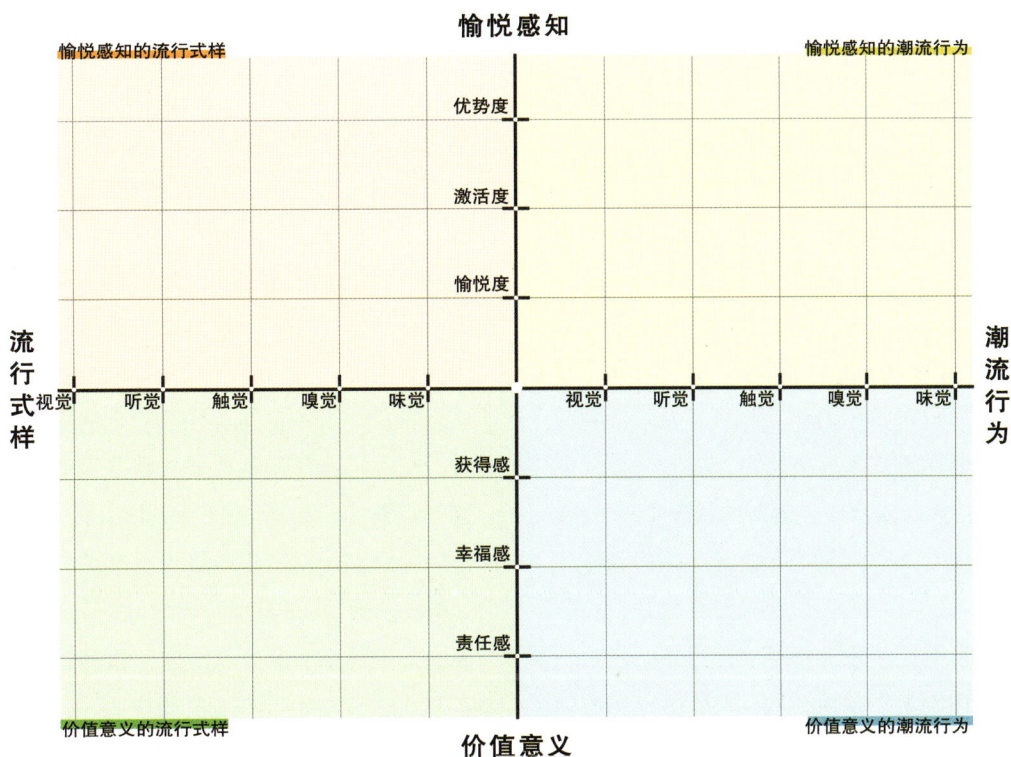

图 5-1　多感官驱动智能时尚产品服务系统设计模型

第一象限是愉悦感知的潮流行为路径，其核心在于通过互动和参与的行为激发用户积极情绪和愉悦体验；第二象限是愉悦感知的流行式样路径，强调通过智能时尚产品的可见特性来提升用户的感官满足；第三象限是价值意义的流行式样路径，强调通过智能时尚产品的物理特性和外观设计来传达更深层次的信息和象征意义，与用户的价值观和认同感形成联系；第四象限是价值意义的潮流行为路径，致力于通过创新的感知和行为模式，引导用户实现有深远意义的目标和体验。

### 5.1.1.3　特征要素

在图 5-1 中，在展现时尚维度的横轴上，流行式样与潮流行为相对。五种感官元素——视觉、听觉、触觉、嗅觉、味觉，它们共同影响了智能时尚体验的多样性和复杂性。流行式样是物质的、显性的、直观的，指有形时尚产品所具备的外在形式。研究表明，时尚感和审美满足度是影响个体主观幸福感的关键中介变量。换句话说，当智能产品的外观设计能让用户认为自身具备时尚感或满足时尚审美时，它将提升产品体验的愉悦感与价值感。潮流行为是非物质的、隐性的、间接的，如音乐、舞蹈、艺术摄影和体育活动等，通过这些活动，人们会利用自身感觉能力来感受与他人、产品、环境之间的情感互动。

在展现体验目标的纵轴中，区分了短暂的愉悦感知与长期的价值意义。愉悦感知是短暂的、享乐的，根据 PAD 情感测量模型，愉悦感知可以通过愉悦度（P）、激活度（A）和优势度（D）三个参数来衡量。其中，P（Pleasure）表示愉悦度，指用户积极情感的波动状态；A（Arousal）表示激活度，指用户的情感或生理的激活程度；D（Dominance）表示优势度，指用户对情感的掌控程度。通过该情感测量模型，可以用量化手段来衡量人在行为活动时的情绪倾向。例如，看喜剧电影时的快乐（+P，+A，+D）是一种高激活度的情感，而在床上听轻音乐入睡时的放松（+P，−A，+D）则是低激活度的情感。在达到愉悦目标层面，设计师可以通过精心地设计活动，在一定程度上影响用户的体验，从而影响其情感状态。相对地，价值意义的实现是长期的、带来幸福感的过程，过程中通常会涉及获得感、幸福感、责任感的收获。其中，获得感是指个人在实现某个目标、完成某项任务或克服挑战后所经历的满足和自豪感。这种感觉通常伴随着个人努力的认可和对自身能力的肯定。其不仅限于物质成就，也包括精神层面的成就，如个人成长、技能提升或关系改善等。幸福感是指个体对其生活质量的整体正面评价，通常包括心理健康、生活满意度和幸福的主观感受，高幸福感意味着个体认为生活美好且有意义。责任感则是指个体对其行为及其后果的认知和认责，涉

及对自己、他人和环境的责任。

### 5.1.1.4　模型路径
#### （1）愉悦感知的潮流行为

在愉悦感知的潮流行为路径中，多通道感官互动是塑造智能时尚生活体验的关键因素，有效地提升了用户情感与生理状态的激活程度。这一趋势在全感官餐饮体验的兴起中得到了充分体现。斯宾塞教授提出了一个前瞻性的观点，认为"未来的调味料将不仅限于传统的调料，而是扩展到音乐、颜色和食物的形态等元素，它们将成为完整用餐体验的创新辅料"。例如，高音调的音乐可以增强食物的甜味和酸味，而低音调音乐则能加强苦味的感知。这意味着，当特定的音乐与特定的食物味道相结合时，它们相互作用能改变并增强原有的口味感受。这一现象揭示了通过创造一个多维感官、多方面互动的餐饮环境，不仅能确保顾客的味觉预期与实际体验的一致性，而且能极大地提升沉浸式用餐体验。因此，设计师和餐饮从业者可以通过此路径，为顾客创造更为丰富而独特的餐饮体验，进而提升顾客满意度和品牌忠诚度。

#### （2）愉悦感知的流行式样

在愉悦感知的流行式样路径中，服装产品的外观特征通过激发感官来增强用户的愉悦体验。时尚中的愉悦感不仅源于引人注目的款式，还包括衣物的触感，这同样是创造时尚愉悦感的一个重要元素。例如，一款由时尚科技公司开发的声音衬衫，它可以通过内置传感器将声音实时转换为与当前播放音乐相匹配的触觉反馈。此外，振动与调制声波之间的互动被巧妙地通过数字化织物设计进行视觉化表

达，从而创造了一个融合视觉、听觉和触觉的全方位时尚体验。这种多感官融合的设计不仅提升了衣物的审美吸引力，而且通过创新技术丰富了穿着体验，使用户在穿着过程中感受到前所未有的愉悦感。这种融合了智能科技与时尚元素的产品，展示了时尚设计如何通过多感官互动来提升用户体验，突破传统时尚的界限，创造全新的愉悦感知方式。

### （3）价值意义的流行式样

在价值意义的流行式样路径中，智能产品的设计和式样通过传达深层次的信息，增强了产品的象征意义，使之转变为独特的"印象"。在日常生活中经常遇到这样的情境：当咖啡冲泡时，烘焙坚果的香气弥漫开来，往往能唤起人们对于实现生活目标的渴望和努力。这种香气激发了对未来的积极展望，增强了人们对美好生活的信心和追求成功的动力。同时，咖啡壶本身的外观属性也能加强其与消费者之间的情感纽带。这种多感官融合的设计不仅提升了智能产品的吸引力，而且在促进消费者的个人成长、自我接纳和社交互动方面起到了积极作用。

### （4）价值意义的潮流行为

在价值意义的潮流行为中，创新的互动行为不仅帮助用户实现其美好愿景，而且在这一过程中，产品交互扮演了重要的"赋能者"角色。这种交互推动了用户在个人成长、人际关系和环境友好等方面的价值实现。例如，以增强现实（Augmented Reality, AR）创造的人机互动为例，这项技术特别赋予了视障或听障群体更多的能力，为这些群体提供了丰富的社交机会和对外界世界的更深刻感知。通过 AR 应用程序，视障者可以通过触觉反馈来"感知"图像，而听障者可以利用视觉信号来"听到"声音，

从而在社交和日常生活中实现更好的融入和参与。因此，这种设计方法不仅关注产品的功能和效用，还考虑到其在社会和文化层面的影响，强调了设计在促进社会公平和提高生活质量方面的重要作用。

在构建时尚体验的过程中，重视多感官对智能产品与行为交互感知的影响至关重要，这种方法有助于设计出提高个体主观幸福感的智能时尚产品和服务。从多感官角度出发，设计智能时尚产品或服务时，可以将流行式样与潮流行为中的五个感官特征与评价要素相结合，从三个方向分别提取设计要点。这种方法促进了对设计特征的深入提取，进而帮助生成多样化的概念方案。这些方案的结果可通过一个三维矩阵来展示，从而提供一个综合的视角来输出和评估智能时尚产品服务系统设计，矩阵如下：

$$R = \begin{bmatrix} r_{111}, & r_{121}, & r_{131},\ldots,r_{1jk} \\ r_{211}, & r_{221}, & r_{231},\ldots,r_{2jk} \\ \vdots & \vdots & \vdots \\ r_{i11}, & r_{i21}, & r_{i31},\ldots,r_{ijk} \end{bmatrix}$$

其中，$i$ 从 1~4 代表不同的象限；$j$ 从 1~5 代表不同的感官特征；$k$ 从 1~3 代表不同象限中的评估因素。通过 $R$ 矩阵得出多个可行设计概念，运用情感评估参数量表，进行多感官驱动智能时尚产品服务系统设计的概念整合与可视化设计，最终生成设计结果。

## 5.1.2　设计实践
### 5.1.2.1　工作坊介绍

为了深入了解设计模型的实际应用效果及设计师的使用感受，研究者招募了 56 名学生参加为期 8 周的智能时尚产品服务系统设计工作坊。每 4 人被分为 1 组，所有参与者被分成 14 组。在工作坊中，参与者的任务是运用智能时尚产品服务系统设计模型，针对未来 5 年的生活场景设定体验愿景，并基

于此愿景创造尽可能多样化的设计概念。本次设计工作坊的过程分为 4 个阶段，涵盖了从概念选题到成果可视化的整个设计流程。

第一阶段：首先，14 个小组围绕"未来生活场景"进行讨论，每组通过调研和问卷得到一个用户画像（该步骤生成了"喜爱运动的苏同学"等 14 个用户画像）。其次，围绕"未来生活场景"主题，14 组学生通过广泛的调研和问卷调查，各自形成了一个典型用户画像，如"喜爱运动的苏同学"等，共 14 个不同的用户画像。在此基础上，各组设计师需要结合前期的研究成果和最新技术趋势，对用户的愿景进行归纳和描述，以此作为智能时尚产品服务系统相关概念选题的基础。

第二阶段：设计团队基于第一阶段的主题方向，

开始填充设计模型的内容。本部分聚焦于将体验地图与时尚产品服务系统设计模型结合使用，以促进概念意图转化，如图 5-2 所示。设计师首先使用左侧的体验地图，这是一种促进、刺激体验愿景可视化的结构工具。通过将用户画像和愿景描述相结合，设计师们在其中插入了丰富的图像和创建拼贴画，来展示多感官时尚体验目标。外圈图像描述了五感赋能的产品式样与潮流行为，而内圈图像表示设计所达成的体验评估效果，通过内外圈图像的连线挑选出合适的感官表达组合。随后，他们开始在右侧坐标系框架内，针对愉悦感知的潮流行为、愉悦感知的流行式样、价值意义的流行式样、价值意义的潮流行为 4 个方向展开概念构思，逐步形成多款设计概念。

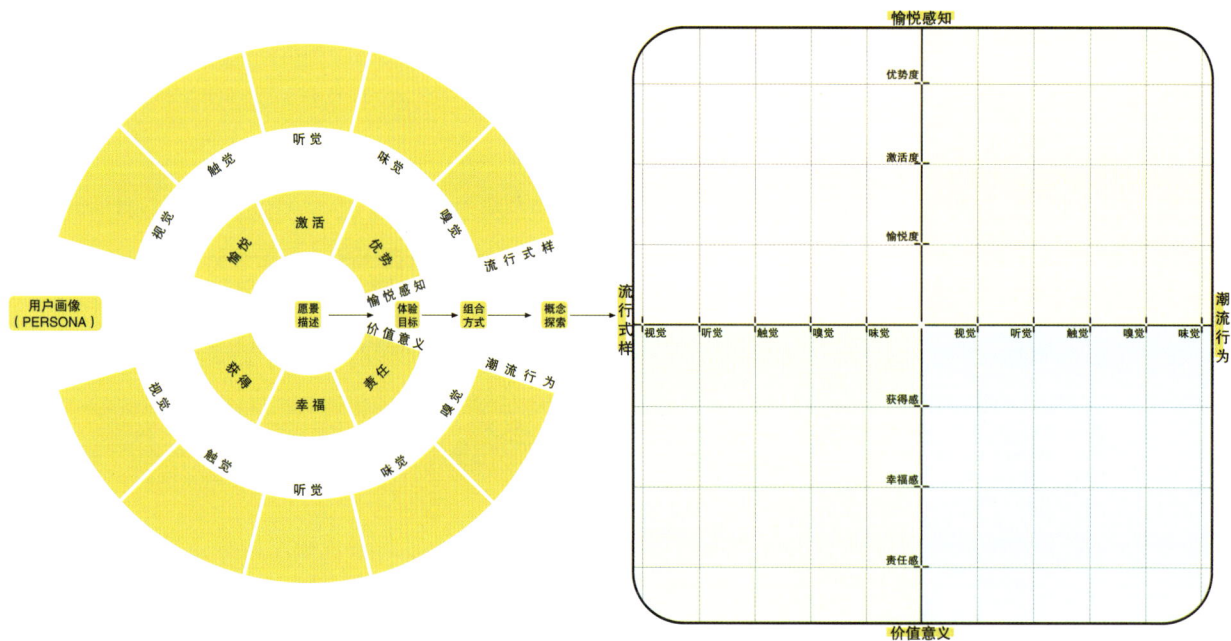

图 5-2　体验地图与智能时尚产品服务系统设计模型

第三阶段：小组之间采用愉悦度、激活度、优势度、获得感、幸福感、责任感 6 个评估参数进行情感测量。小组成员依次展示他们的创意设计并进

行详细的概念阐述，而其他小组成员则对概念方案进行 −1~1 的评分，以此衡量各个概念在达成愉悦或意义体验方面的效果，分数越高代表概念越好地

达成体验目标。完成所有展示和评估后，各小组成员轮流交换角色，对所有提出的概念进行全面评分。在此阶段结束时，通过数据的统计和分析，找出每个象限中得分最高的概念，将其整合并可视化为最终的概念图。

第四阶段：参与者在工作坊导师指导下，利用多感官视角下的智能时尚产品服务系统设计模型，对各小组的概念方案进行细化。这一阶段的核心在于将初步的设计概念转化为更加具体、可操作的方案。接着，设计师利用了 3D 模型可视化工具，使设计概念得以在更为生动、直观的虚拟环境中呈现。

他们在此尝试不同设计元素的搭配，如色彩、材料和形状，并探索这些元素如何在多感官体验中互动。

5.1.2.2　设计结果

在本次设计工作坊的成果中，共输出了 14 组独特的智能时尚产品服务系统，如图 5-3 所示。每个产品都细致考虑了不同感官元素的融合，从而塑造出未来 5 年的时尚生活蓝图。以"喜爱运动的苏同学"的设计过程为典型案例，阐述时尚产品服务系统设计模型如何引导团队完成智能时尚创新产品设计，如图 5-4 所示。

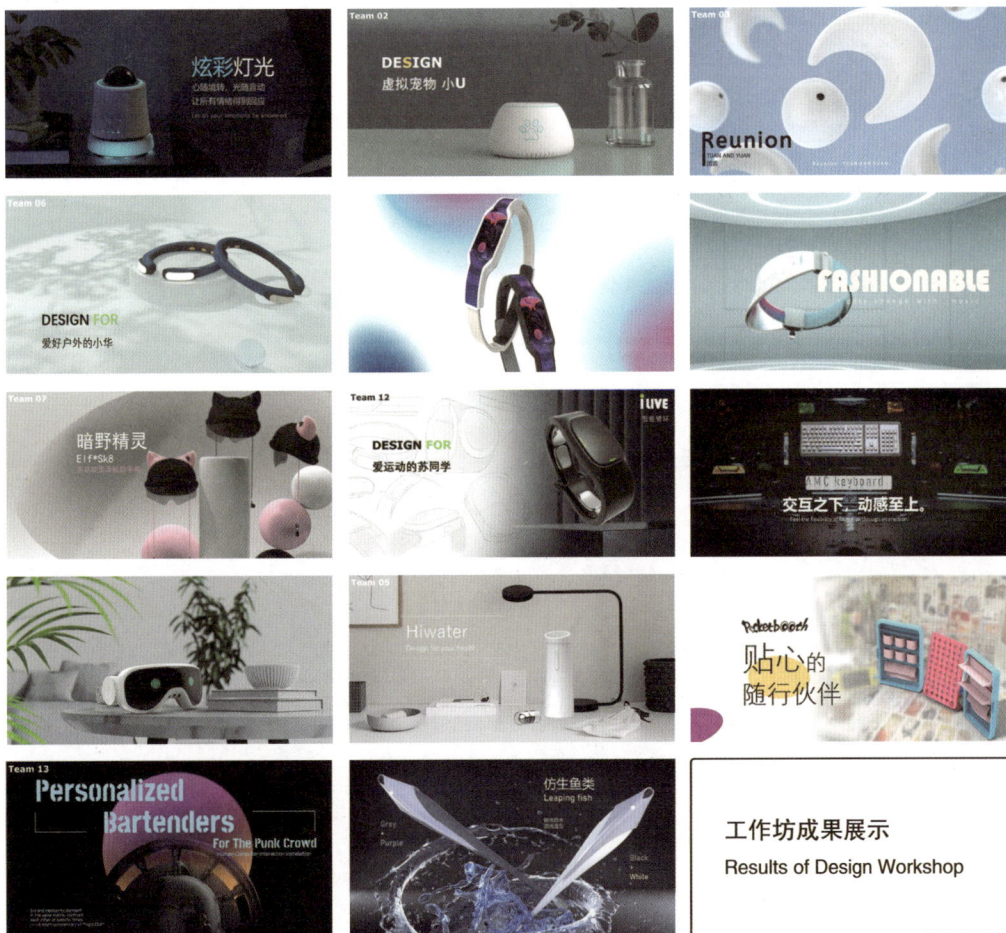

图 5-3　工作坊设计成果

| 概念选题 | 　　喜欢运动的苏同学享受与朋友一起流汗的快乐。当然，她希望获得更科学的训练指导，以形成更合理的健身规划。因此，该小组将为健身爱好者设计一款有助于愉悦、健康及长期进步的智能健身臂环 |
|---|---|
| 创意生成 | 　　小组收集了彩色流体、制冷片、现场演出（live house）、运动饮料等意向图，用来描述"活力，动感，科学"的感觉，共输出16个概念 |
| 方案评估 | 　　经过要素分析与情感测量获得4个最优概念：1.其通过随心率节奏变色的款式创新，实现运动强度可视化的愉悦感知；2.通过随心降温的交互创新，实现由我掌控的愉悦感知；3.通过释放愉悦气味、缓解汗味尴尬的款式创新，实现与好友协同运动的价值意义；4.通过与医师和好友分享健康数据的交互创新，实现长期进步的价值意义 |
| 成果可视化 | 　　小组最终设计出一款集合视、听、触多维感知的ilive智能健身臂环，赋能健身人士的愉悦、意义感知 |

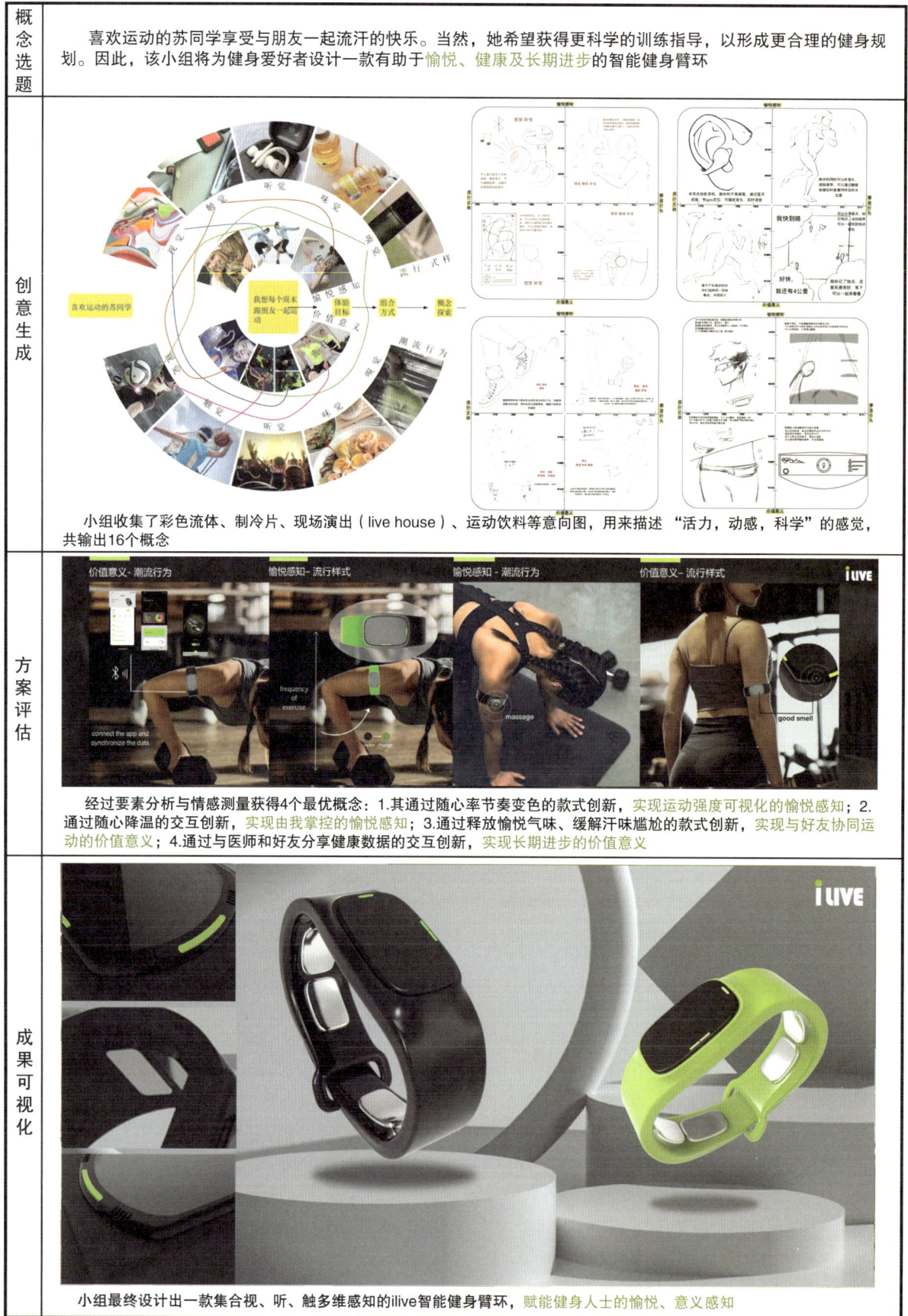

图 5-4　智能时尚产品服务系统设计流程

### 5.1.3 评估分析

#### 5.1.3.1 智能时尚体验中的多感官评估

在本次设计工作坊中，共收集了逾220款涵盖四个方向的概念设计方案，包括愉悦感知的流行式样、愉悦感知的潮流行为、价值意义的流行式样及价值意义的潮流行为。笔者对这些方案进行汇总分析（表5-3），特别关注每个象限中结合视觉、听觉、触觉、嗅觉和味觉感官的设计方案数量。

表 5-3　智能时尚体验的感官权重分析表

| 类别 | 视觉 | 听觉 | 触觉 | 味觉 | 嗅觉 | 合计 |
|---|---|---|---|---|---|---|
| 愉悦感知的流行式样 | 50 | 24 | 33 | 5 | 12 | 124 |
| 愉悦感知的潮流行为 | 38 | 31 | 31 | 6 | 11 | 117 |
| 价值意义的流行式样 | 41 | 27 | 26 | 2 | 13 | 109 |
| 价值意义的潮流行为 | 42 | 29 | 27 | 7 | 9 | 114 |
| 合计 | 171 | 111 | 117 | 20 | 45 | 464 |
| 权重值 | 36.85% | 23.92% | 25.22% | 4.31% | 9.70% | 100% |

根据表5-3中的数据进行感官权重分析，结果表明：视觉感官的比重（36.85%）位居首位，其次是触觉（25.22%）、听觉（23.92%）、嗅觉（9.70%）和味觉（4.31%），可得出结论如下。

①视觉在所有象限中均为最频繁使用的感官，这表明在设计实践中，设计师仍然将视觉作为最核心的感官元素。视觉处于主导地位的原因可能是其在设计中不仅关乎美学，还涉及信息传达和用户体验的有效性。这种趋势与人类获取80%~90%环境信息依赖视觉的特性一致。

②触觉与听觉的应用权重次之。在多感官设计中，触觉和听觉作为辅助感官，能与视觉相结合产生更全面的设计效果。据相关研究，视觉与听觉的结合被认为是在视觉主导下最有效的感官配合方式，能增强用户的沉浸感和互动体验。

③嗅觉和味觉在设计中的应用频率相对较低，由于它们的化学特性造成了其在设计实践中的挑战和局限。除了特定的领域如食品与餐饮，这两种感官在当前的设计实践中尚未得到广泛应用。未来，对嗅觉和味觉的深入探索与研究可能为智能时尚产品服务系统设计提供新的视角及维度。例如，嗅觉和味觉的结合可以在餐饮体验、零售空间设计以及品牌形象塑造中创造独特的记忆点，从而为用户带来更加丰富和多元化的感官体验。

通过深入分析调研统计图5-5提供的数据，可得出以下几点结论：

①流行式样中的视觉占比整体大于潮流行为中的视觉占比，说明了视觉对款式、图形、元素的影响大于它对行为方面的影响。这一现象揭示了视觉在时尚产品体验中的重要性，尤其是在视觉呈现和审美吸引力方面。

②与流行式样相比，潮流行为中听觉元素的应

用比重更高,这表明听觉元素在影响用户行为上的效果超过了其在式样设计上的影响。因此,在设计行为互动体验时,听觉成为一个更为关键的感官通道,尤其是在创造沉浸式和动态体验时。这对设计师来说是一个重要的洞见,指出了在设计中融入听觉元素以增强用户体验的潜在价值。

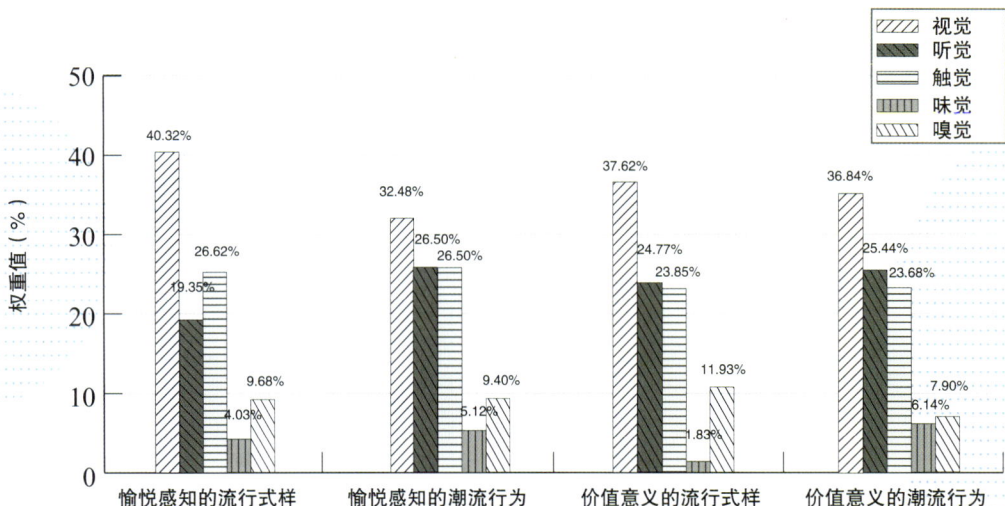

图 5-5 感官在智能时尚产品服务系统模型各象限中的权重值

③触觉在愉悦感知导向设计中的影响力大于在价值意义导向的。愉悦感知更易通过直接的感官刺激获得,这可能是因为皮肤接触绒毛等柔软质感时产生的愉悦感知是较为表层和直接的。这一点强调了触觉在创造即时满足感和舒适体验方面的重要作用。

综上所述,这些结论为设计师提供了对不同感官元素在时尚设计中应用和影响的深入理解,并为未来感官设计创新指明了方向。这些洞见可以指导设计师在创造新的智能时尚产品服务时,更有效地利用多感官元素,从而提高智能产品服务系统的吸引力和用户体验的丰富性。

### 5.1.3.2 设计模型可用性评估

系统可用性量表是评估系统工具可用性的标准化工具,由 10 个项目构成,见表 5-4。奇数项为积极陈述,偶数项为消极陈述,这些项目交替包含积极和消极陈述,以平衡评估的视角。在本次实验中,56 位设计参与者根据他们的使用体验进行 1~5 分评分(1 分表示强烈反对,5 分表示非常同意),从而综合评估该模型的可用性、易学性与满意度。

表 5-4  SUS 系统可用性量表

| 项目内容 | 强烈反对 | | | | 非常同意 |
|---|---|---|---|---|---|
|  | 1 | 2 | 3 | 4 | 5 |
| 1. 我会愿意经常使用此模型 |  |  |  |  |  |
| 2. 我发现此模型没必要这么复杂 |  |  |  |  |  |

续表

| 项目内容 | 强烈反对 | | | | 非常同意 |
| --- | --- | --- | --- | --- | --- |
| | 1 | 2 | 3 | 4 | 5 |
| 3.我认为此模型用起来很容易 | | | | | |
| 4.我需要专业的技术人员支持才能使用该模型 | | | | | |
| 5.我发现该模型中不同模块很好地整合在一起了 | | | | | |
| 6.我认为该模型存在太多不一致之处 | | | | | |
| 7.我认为大多数人会很快学会使用该模型 | | | | | |
| 8.我认为这个模型使用起来非常麻烦 | | | | | |
| 9.我对使用该模型感到非常自信 | | | | | |
| 10.使用该模型前,我需要学习很多东西 | | | | | |

每项得分转换为百分等级后,可通过对照数据库中的评分标准来确定系统的综合评估值。SUS 评分的第一步是确定每个项目的决定系数。对于奇数项目,决定系数为初始打分减 1;对于偶数项目,决定系数是 5 减去初始打分。为了获得 SUS 总分数,将所有项目决定系数的总和乘以 2.5,这样得分范围从 0(感知可用性非常差)~100(感知可用性非常好),每个增量间隔为 2.5 分。利用下列公式计算出整体满意度 SUS 得分:

$$\begin{cases} \sum_O = \sum_{i=1,3,5,\cdots,n}^{5}(x_i - 1) \\ \sum_E = \sum_{j=2,4,6,\cdots,m}^{5}(5 - y_j) \end{cases}$$

$$S_T = 2.5 \times \left( \sum_O + \sum_E \right)$$

式中:$\sum_O$ 表示奇数项的打分之和;$\sum_E$ 表示偶数项的打分之和;$i$ 表示奇数项;$x_i$ 表示奇数项目的初始打分;$y_j$ 表示偶数项目的初始打分;$S_T$ 表示整体满意度得分总和。

除整体满意度外,SUS 量表还提供了易学性和可用性的分量表得分。"易学性"子量表由第 4 项与第 10 项构成,"可用性"子量表由其余 8 项构成。为了使子量表分数与整体 SUS 分数匹配,分数范围同样设定为 0~100,需要对决定系数进行转化。计算时,易学性量表打分总和乘以 12.5,可用性量打分总和乘以 3.125。

$$S_E = 12.5 \times (y_4 + y_{10})$$
$$S_U = 3.125 \times (x_1 + y_2 + x_3 + x_5 + y_6 + x_7 + y_8 + x_9)$$

式中:$S_E$ 表示易学性评分;$S_U$ 表示可用性评分。

在收集 56 名被试者打分后,经过统计分析,得出了 SUS 量表中满意度、可用性、与易学性得分,统计分数如图 5-6 所示。使用上述公式计算得出整体满意度平均值为 73.80 分,可用性得分为 74.94 分,易学性得分为 69.23 分。在实验结束后,对参与者进行了访谈,并结合 SUS 问卷的单项打分数据,从可用性、易学性以及满意度三个方面讨论和分析。

结合以上数据分析与访谈记录,得出以下结果。

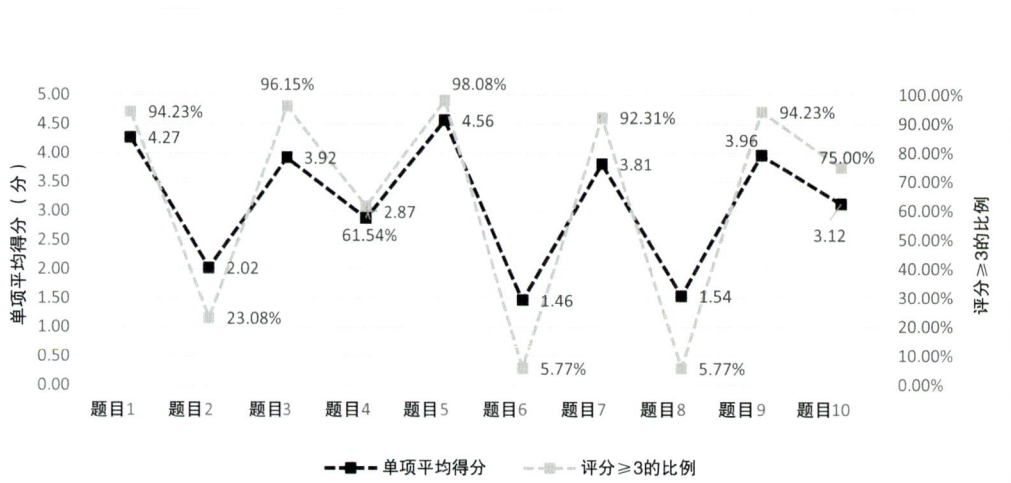

图 5-6　SUS 问卷量表统计

**（1）在可用性方面**

①94.23% 的设计师表示该模型设计合理，愿意经常使用该模型。相较于传统的用户体验地图流程式分析，该模型通过创新结构和内容整合，以及将多感官因素融入其中，有效促进了思维的发散并提高了创新方案的可行性。

②SUS 单项得分中，第 5 项得分最高，平均为 4.56 分。98.08% 的设计师认为该模型中，不同模块较好地整合在一起，结构清晰。例如，该模型的二维坐标系结构中各个功能组织与设计师认知的系统结构相匹配，能清楚地阐释产品的样式、功能和使用场景，从而便于概念的直观展示。

**（2）在易学性方面**

①61.54% 的设计师表示需要多次专业指导才能掌握该模型。特别是对于理论基础偏弱的设计师，他们难以快速理解体验层面（愉悦感知、价值意义）与时尚定义（流行式样、潮流行为）之间的内在逻辑联系。

②75% 的设计师认为该模型存在一定使用门槛。有效使用该模型需要一定的理论知识基础，如区分愉悦感知和价值意义，以及理解 PAD 情感测量模型中的愉悦度、激活度和优势度等概念。

**（3）在满意度方面**

①根据两项分量表得分可知，该设计模型在可用性（74.94 分）方面得分高于易学性（69.23 分）。这表明模型在帮助设计师产生创新想法方面是有效的，但作为一种新工具，设计师在初期需要一段时间来熟悉和掌握。因此，建议在实际应用前进行充分的介绍和训练。

②SUS 整体满意度评分为 73.80 分，在 SUS 分数曲线分级表中大约对应 67 分的百分等级，意味着该模型的可用性超过了大约 67% 的其他模型。补充访谈显示，设计师认为该模型提供了一种清晰的思路整理"公式"，其二维坐标系结构有助于明确地展示产品功能和使用方式，进而促进团队成员间的有效沟通和讨论。

本节在理论层面，从多感官视角入手，基于时尚体验的定义，构建多感官视角下的智能时尚产品服务系统设计模型，包括愉悦感知的流行式样、愉悦感知的潮流行为、价值意义的流行式样、价值意义的潮流行为，来支持智能时尚产品服务系统设计概念的有效生成。实践层面，首先，以工作坊的形式邀请 56 名设计专业参与者使用该设计模型进行设计应用；其次，综合评估时尚产品服务系统设计中多感官的运用，以及通过 SUS 问卷调研该设计模型的可用性、易学性、满意度。

JOURNEY-MATE
旅 行 伴 侣

这是一款丰富旅行体验的模块化智能时尚背包——它把旅途中真实的声音收集起来，并转化为可视化的声音库与世界足迹库，提供了视觉和听觉互动的愉悦感与回忆体验。

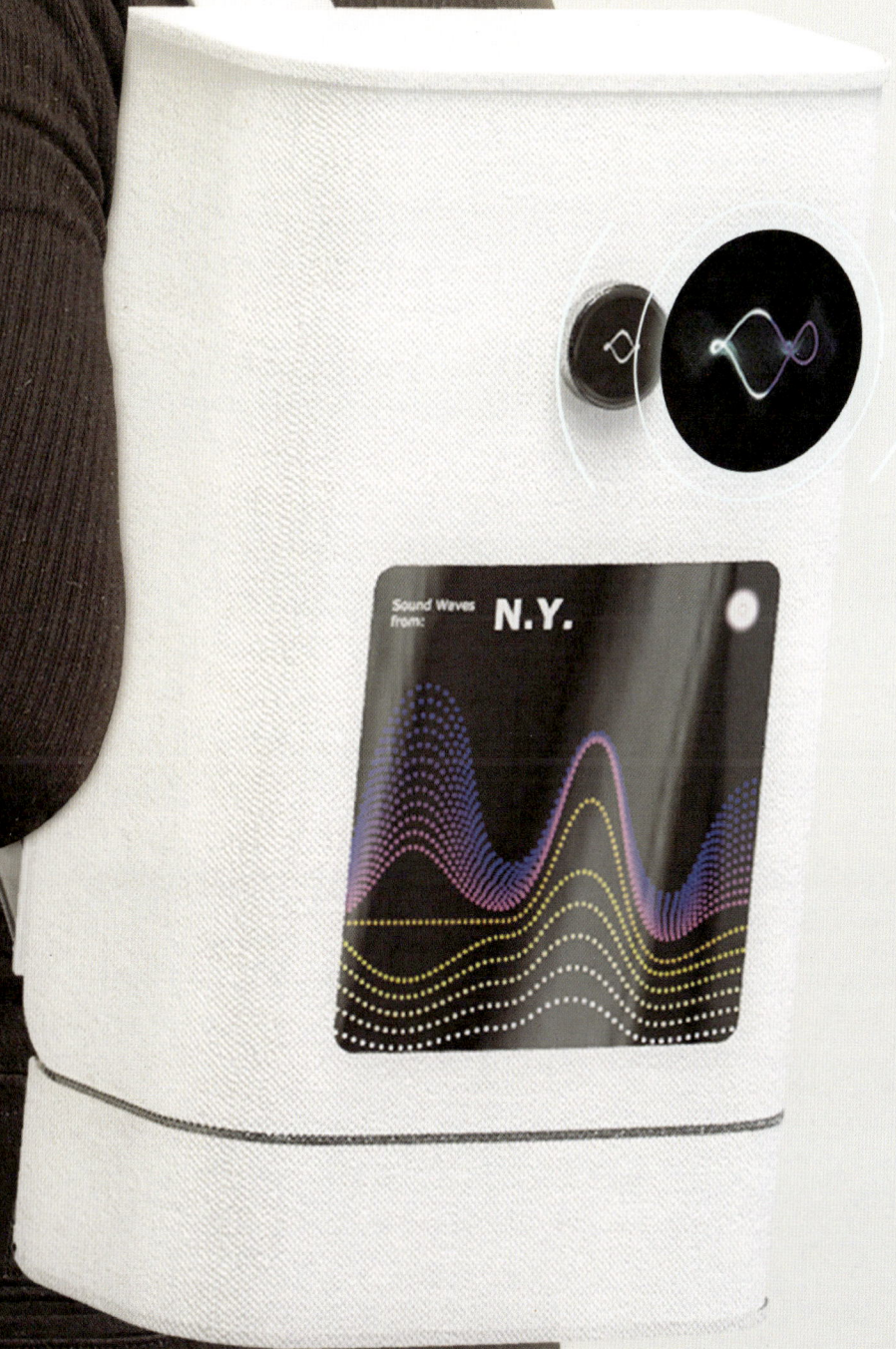

Sound Waves from: N.Y.

EUROPEAN
PRODUCT
DESIGN
AWARD

# 5.2 意义驱动智能文创产品服务系统设计

## 5.2.1 模型构建

文创产品，即文化创意产品，指借助现代技术手段，凭借设计师的智慧将文化元素提炼整合，以创造符合公众消费需求的高附加值产品。博物馆文创产品是在传统文创产品的基础上，融入博物馆独特的馆藏文化，设计具有鲜明博物馆文化特色的创意产品。通过吸取并精妙地转化博物馆藏品的文化符号、美学特质、人文精神等元素，同时满足消费者的喜好和现代审美理念，创新性地重新构思产品的教育、文化和艺术价值，最终旨在为产品赋予市场广泛认可的价值。

其中，新型博物馆智能文创产品利用数字媒体技术对文化素材进行改编和创新，运用全息成像、裸眼 3D、虚拟现实、增强现实等设备，实现对文化创意内容的智能化处理和开发。不仅使传统文化在数字时代焕发生机，也契合了"Z 世代"独特的高标准和不断崛起的消费力以及审美倾向。

综上所述，智能产品更侧重效率和功能性，而博物馆文创产品更注重文化和情感的传达。将博物馆文创设计与智能产品相结合，可以通过技术手段提升文化创意产品的实用性和体验感，同时赋予智能产品更多的文化内涵和审美，使两者在现代设计中互为补充。

### 5.2.1.1 产品意义维度

心理学中的意义聚焦于观察生命意义、个人意义，涉及情感、价值、动机等多个层面。生命意义是指个体对自己的生活感到可理解、受到有价值目标引导并认为生命有价值的感受。尼霍尔姆（Nyholm）等人认为生命意义是附加在某些行为或生活方式上的一种积极价值，缺乏这种价值，产生的行为活动便是无意义的。它与一系列积极指标密切相关，包括快乐、幸福、生活满意度、身体健康等。而缺乏意义则与一系列消极指标，如抑郁、焦虑等紧密相连。个人意义指个人对自己生活、经历和存在的主观理解。它包含了个人赋予其生活的目的感、意义、连贯性和成就感，能帮助我们将可能的未来和过去的成就联系在一起，形成一种连贯的自我意识。

在设计学中，"意义"的概念也发挥着重要作用，主要涵盖沟通、美学、用户体验和文化相关性等方面。克里彭多夫（Krippendorff）认为意义作为一种主观的解释，通过互动得以实现，是用户在使用产品之后所产生的积极体验与认知，相较于"愉悦"的短期反馈，意义则更加注重用户长期感受与目标达成。有学者认为意义有关产品的象征性、用户的心理和文化联想，这些因素极大地改变了用户对产品的感知体验。

目前，学者们以"意义"为中心开展了系列研究。诺曼（Norman）与韦尔甘蒂（Verganti）共同提出了以"意义"为导向的创新理念，与传统的"问题"导向不同，这一理念侧重于通过设计意义的变革来实现突破性创新。例如，爱彼迎把住宿的意义从标间里的休憩转变为能遇见新朋友并深入当地真实生活的机会。何晓佑以中国传统器物和美食为例，强调产品设计不仅要关注外在意义，还应专注于内在意义，以创造符合当下和未来生活方式的产品。例如，吃饭已不再是"吃饱"的含义，而是"吃情感""吃交流"的含义；中国传统空竹已不再是简单的玩具，而是一种集娱乐、健身、技巧、表演、收藏于一身的集合性健康意义的表达。尹（Yoon）等在提升主观幸福感的三个层次中指出为意义设计重点不在于片刻愉悦，而在于个人长期或短期目标的达成。它涉及了解目标受众的需求、价值观和愿望，并在设计时考虑他们的观点。通过与用户及其社会背景产生共鸣，创造有意义的体验。奥斯（Orth）提供了一个应用产品依附理论于定制产品设计过程的例证，并通过实践案例验证了物体与用户之间形成意义关联的重要性。吴雪松认为产品意义不同于产品造型、结构、色彩等内容，通常容易被忽略，但人们对于产品意义是有需求的，且产品意义对产品的开发具有指导作用。

综上所述，意义驱动设计是一种设计方法论，它强调在产品或服务的设计过程中，要求以用户的价值感受和情感需求为中心，通过赋予产品特定的意义和情感连接，从而实现更深层次的用户体验和情感共鸣。这种设计方法论旨在超越功能性需求，关注用户与产品之间的情感互动，从而创造具有深远意义的用户体验，提升产品的吸引力和用户满意度。

通过在 Web of Science 以及中国知网上搜索"产品意义""意义维度""文创产品意义"等关键词，经过两名评审员筛选出 70 篇与产品意义维度较为关联的论文，部分如下（表 5-5）。

表 5-5　产品意义维度相关文献

| 作者（时间） | 相关观点 | 关键词 |
| --- | --- | --- |
| 韦尔甘蒂<br>（Verganti, 2018） | 功能性意义表达实际效用；象征性意义表达交互行为；情感性意义表达自身行为价值 | 功能、象征、情感 |
| 后藤，石田<br>（Goto & Ishida, 2014） | 产品意义作为一种无形价值，主要包括美学意义、语义意义和象征意义等维度 | 美学、语义、象征 |
| 鲍懿喜<br>（2022） | 产品意义反映了设计在价值层面所蕴含的责任与伦理，以产品作为媒介构建了人与物、人与人、人与自然、人与社会的新型关系 | 价值意义、社会意义 |
| 克莱恩<br>（Kleine, 1988） | 共识与产品意义的功能性相关联，而多义性和语境敏感性是形成产品意义独特性的基础，与情感相关联 | 多义性、语境敏感性、共识 |
| 陈劲，曲冠楠<br>（2018） | 产品的内部意义包括工具和价值意义，外部意义表达了创新主体在外部环境中对社会文化、社会福利和人的良性发展的关注 | 价值、工具、社会性 |

续表

| 作者（时间） | 相关观点 | 关键词 |
|---|---|---|
| 陈劲，曲冠楠，王璐瑶（2019） | 产品意义包含针对用户功能需求的工具意义；带来情感共鸣、满足精神层次需求的情感意义；满足社会需求的社会意义；有助于国家长期发展的战略意义以及代表了创新活动长远价值的未来意义 | 功能需求、情感共鸣、社会意义、未来性 |
| 李子龙，等（2021） | 产品意义具有社会性，主要体现在产品的引导性，具体体现在产品的"有用"和"可用"两个方面。观念性表现在提供信息的同时还能传递新的理念 | 功能、观念引导 |
| 戴尔，韦尔甘蒂（Dell'era & Verganti, 2009） | 产品的意义旨在满足用户的情感需求和社会文化需求 | 情感、社会 |
| 赫希曼（Hirschman, 1982） | 通过符号创新与技术引领产生与以往不同的社会意义 | 符号、技术、社会 |
| 高丽娜（2019） | 文创产品以创新思维、观念指导，以文化传承为目的，进行有意义的创造传播 | 创新思维、观念指导、文化传承 |

基于以上文献，研究者进行了观点和关键词的提取。通过分析这 70 篇文献，发现学者们对于产品意义维度存在一定的共识。因此，在本节中，研究者采用 NVIVO 软件进行质性分析和关键词提取，以深入研究这些文献，寻找它们的共同之处并进行分类，从而更全面地探讨产品意义维度的相关问题（图 5-7）。

图 5-7 为研究者使用 NVIVO 12 软件进行词频分析得出最常见的前 100 个词语，排除与主题不相关的词语（如"产生""促进""顾客"等词义表达不全或不符合主题的词语），并将同义词进行汇总分类（如象征与象征性），最终共生成产品意义维度相关的关键词 25 个（图 5-8）。

图 5-7 产品意义维度前 100 个关键词词频分析

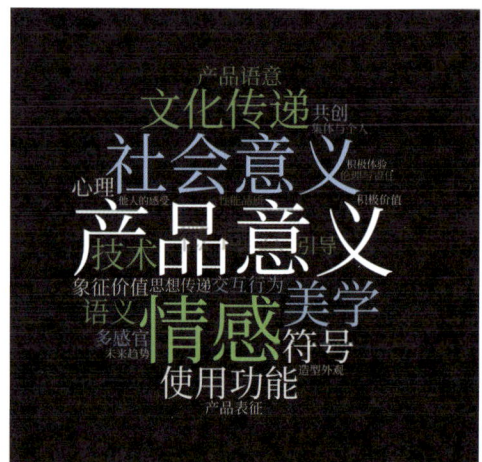

图 5-8 产品意义维度关键词词频分析

　　在收集数据之后，设计师回顾了与产品意义维度相关的 25 个关键词。从设计学的角度采用了专家讨论与专家聚类法，将这些关键词划分为以下三类集合：

　　集合一：美学、文化传递、符号、造型外观、技术、产品语意、语义、多感官。

　　集合二：象征价值、情感、引导、使用功能、交互行为、产品表征、性能品质。

　　集合三：思想传递、集体与个人、未来趋势、积极价值、社会意义、伦理与责任、积极体验、他人的感受、共创、心理。

　　基于上述三类集合，根据产品意义所传递出的不同特性进行总结与解释，并采用 HANABI 数据可视化的方式呈现该结果（图 5-9），使设计师对意义不同维度所表达的含义有所了解。

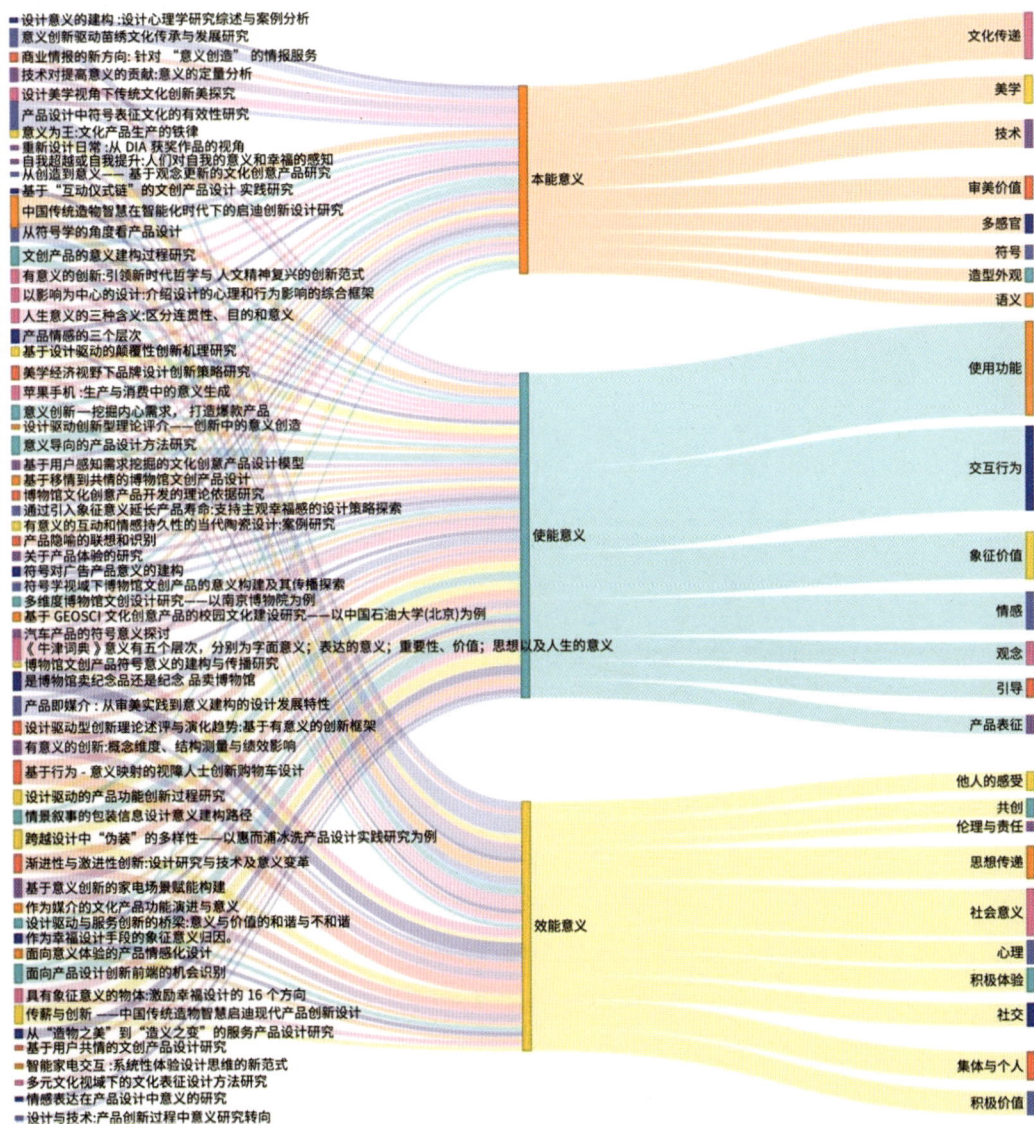

图 5-9　产品意义维度 HANABI 可视化

类别一：从集合一可以了解到，该类别涉及产品在感官层面传达的直观、有形的意义，是理解产品属性和实用性的前提，通常与产品的外观所传达的符号意义密切相关。它体现在用户通过产品的形状、颜色、表面纹理等元素来识别产品本来的用途以及产品直观传达的文化特色。因此，将这一类别概括为"本能意义"。

类别二：从集合二可以了解到，该类别涉及产品传递的基本意义，即产品具有一定的使能价值，是构成用户与产品互动的基础。通过与产品进行使能互动，激发消费者产生情感共鸣，丰富他们的生活，为日常生活提供意义。因此，将这一类别概括为"使能意义"。

类别三：从集合三可以了解到，该类别主要反映产品在实际使用过程中能为个体和社会带来积极效能体验和启发，传递一定的思想价值。这种思想价值可能涉及文化、社会、道德等多个领域。该集合所产生的意义不仅局限于产品本身的功能，还关注产品影响用户思考和产生某种行为的原因。因此，将这一类别概括为"效能意义"。

本部分通过文献分析法以及 NVIVO 词频分析法进行质性分析，从文献中提取出 25 个与产品意义维度相关的关键词。并从设计实践的角度采用专家聚类法以及 HANABI 数据可视化法对该文献研究结果进行分析总结，为意义驱动的博物馆智能文创产品服务系统方法模型的构建奠定基础。

### 5.2.1.2　意义驱动的博物馆智能文创产品服务系统设计模型

博物馆文创产品扮演着连接博物馆与消费者的纽带角色，设计师在构思过程中将意义融入其中，专注于智能文创产品所携带的内在价值，以建立消费者与智能文创产品之间的深刻联系。以"意义"为指引，设计师在创新设计中聚焦于三个层面的产品意义：本能意义、使能意义、效能意义，从而体现博物馆的文化象征、促进与消费者之间的情感构建，以及提升社群关系。在此基础上，研究者又围绕博物馆、智能文创以及消费者，逐层展开内涵，构建了一个由内向外的设计方法模型（图 5-10）。

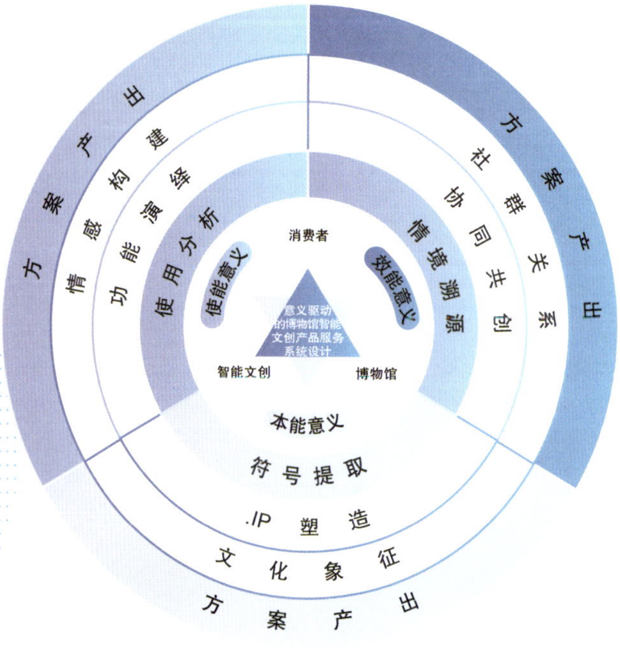

图 5-10　方法模型细化

以意义驱动理论为基础的设计方法模型，专注于博物馆智能文创产品服务系统的开发，旨在建立消费者与产品之间的深层意义联系。通过本能、使能、效能三个产品意义维度的构建，体现文化象征、促进情感构建，以及维护社群关系。为了便于设计人员使用该方法模型，研究者对其进行解释说明。

## （1）本能意义体现文化象征

本能意义驱动下的博物馆智能文创产品服务系统着重展现馆藏文化的独特元素。设计师需要深入挖掘博物馆内的文化故事、特色和内涵，将这些元素有机地融合在一起。通过综合考虑，选取代表性的文化符号，将其精心构建成设计主题，再运用象征和寓意等手法，创造出新颖的数字 IP 形象。通过将文化创意融入博物馆的语境，使智能文创产品既有艺术性，又紧密联系博物馆的文化价值。设计师在创作过程中需着眼于"本能意义"维度，以多感官体验为基础，呈现智能文创产品。这种设计方式可以使消费者在使用博物馆智能文创产品时获得沉浸式的体验，更加深入地感受其中的文化内涵。通过这种方式，消费者对该智能文创产品服务系统的印象会更加深刻，也有助于提升他们对博物馆的文化认同和识别。

## （2）使能意义促进情感构建

使能意义驱动的博物馆智能文创产品服务系统设计主要体现在文创产品所呈现的使用功能和交互方式。通过设计将馆藏文化信息融入智能文创产品之中，让消费者能在使用的同时感受馆藏文化的魅力。以一种较为轻松的方式理解产品语义，并对博物馆智能文创产品的结构、操作、功能等特性进行表达。在沉浸式的交互中体验情感的变化，感知古往今来时空的转变。

因此，在使能意义驱动下的博物馆智能文创产品服务系统设计中，设计师应紧密关注新时代特征下人们的日常生活方式。通过分析社会经济发展、科技进步以及文明进步所带来的生活方式改变，深入了解现代生活方式对消费群体的影响。以消费者对博物馆文创功能使用频率和受众范围为依据，进行博物馆智能文创产品服务系统的功能优化设计。通过对智能文创产品服务系统交互功能的巧妙设计，使消费者在与产品互动的过程中建立情感连接，实现情感的构建。

## （3）效能意义构建社群关系

效能意义驱动的博物馆智能文创产品服务系统设计主要体现在智能文创产品与消费者互动时，给予用户的一种积极体验。这种体验不仅有益于个体发展，同时也促进了环境或社区的繁荣。它不仅让人在短暂的快乐中得到满足，还对个体的长期发展产生积极影响。在效能意义驱动下，博物馆智能文创产品服务系统的设计要求设计师从消费者的视角出发，通过构建一个富有想象力的故事，包括使用背景、环境状况、物品的外观和功能等，模拟未来产品的使用场景，以评估设计构想是否符合设计主题。这样的模拟过程有助于进行产品修正和创新。

例如，"数字秦陵"这款互动小游戏通过采用腾讯最新的人脸融合技术，将用户自己的照片与兵马俑相结合，充分展示了"兵马俑千人千面"的独特之处。照片生成之后还可以与好友分享，让他们寻找自己在其中的位置。这款游戏符合年轻人的社交习惯，采用裂变式玩法，通过互动娱乐体验生动地演绎了兵马俑的文化特性。这些高度互动和社交的方式有助于减轻大众对博物馆严肃和高深的刻板印象，使博物馆教育更加亲近、立体，更具吸引力。同时，这也使远程游客更有参与感，更容易建立社群联系。

### 5.2.1.3  模型路径

模型以意义驱动理论为基础进行产品意义维度划分，形成核心意义层；运用理论中的相应元素对相应产品意义维度进行设计解析，形成解构分析层；解构分析之后输出设计概念，形成概念生成层；为了使整个设计流程更加完整，研究者在概念生成层与方案产出层之间加入一个概念评估层，使设计结果更为客观，具体如下。

#### （1）核心意义层

核心层属性是博物馆智能文创产品服务系统所传递的意义维度，包括本能意义、使能意义和效能意义。以博物馆智能文创产品服务系统开发为例，本能意义驱动的博物馆智能文创产品服务系统设计要求在感官上满足用户的认知需求，从而为消费者创造文化认同感。使能意义驱动的博物馆智能文创产品服务系统设计要求对衍生藏品的文创产品功能、使用频率和受众进行深入分析研究，以此为基础进行博物馆智能文创的功能和交互层面的创新设计。效能意义驱动的博物馆智能文创产品服务系统设计注重促进人际交流与合作，旨在实现个体感知和功能体验的提升，同时促进环境和社群的和谐发展。

#### （2）解构分析层

解构层属性涵盖对意义核心层的深入分析，包括本能意义驱动下的符号提取、使能意义驱动下的使用分析以及效能意义驱动下的情境溯源。符号提取方面，博物馆智能文创产品服务系统设计要求设计师深入挖掘馆内的文化故事、特征和内涵，将馆内元素进行有序整合，随后依需进行元素的删减与筛选，以得出代表性的感官文化符号。在使用分析中，

需要综合考虑文创的功能和交互方式，进行现有藏品的调研与相关文创产品的功能解构，进而结合创新来对产品功能和交互方式进行优化。情境溯源方面，博物馆智能文创产品服务系统设计要求设计师对文化背景进行溯源，加强认知并深入研究文创的使用场景与氛围，为共创设计奠定坚实基础。

#### （3）概念生成层

生成层属性涉及对解构分析内容的概念设计，包括符号提取后的 IP 塑造、使用分析后的功能演绎，以及情境溯源后的协同共创。IP 塑造方面，基于馆藏文化符号的提取，通过运用隐喻、象征等手法确定设计主题，从而创造全新的 IP 形象。功能演绎方面，借鉴文创产品服务系统使用功能的分析，探索创新的交互方式，以概念为基础对智能文创产品服务系统的功能与交互进行重新演绎。协同共创方面，用户通过情境溯源强化与博物馆的互动，通过博物馆藏品与用户资源的共同投入、共识建构，最终实现文创概念的融合，从而促进用户、设计师和博物馆之间的协同共创。

#### （4）概念评估层

在评估层属性中，对生成的设计概念采用 5 分李克特量表进行客观评估。其中，涉及塑造 IP 形象的部分将进行关于博物馆文化象征程度的评估；创新交互功能构建方面将进行情感链接程度的评估，而对于共创行为方面将进行促发社群关系程度的评估。

#### （5）方案产出层

该产出层属性是智能文创产品服务系统方案评估后的最终生成。通过应用以上方法模型，经过意

义维度分析、意义内容解构、概念设计生成、概念方案评估四个阶段，优化设计结果，整合生成最终设计方案。

## 5.2.2　设计实践

　　为了深入阐述和验证意义驱动的博物馆智能文创产品服务系统设计方法的可行性，设计团队策划并组织了为期 6 周的设计工作坊，选取了 32 名有着设计学科专业背景的参与者，将他们引入此次设计工作坊的实践中。根据参与者的意愿，将他们分成了两个设计团队："上海自然博物馆"团队以及"上海犹太难民纪念馆"团队。最终，这些参与者被分为 10 个小组，每个小组由 3~4 人组成。参与者需要运用上述设计方法，对他们所选博物馆进行智能文创产品服务系统的设计与开发，从而输出智能文创设计概念。此次设计工作坊的具体流程分为四个阶段：选题调研、概念生成、概念评估与优化，以及设计成果的可视化（图 5-11）。

第一阶段：线下博物馆实地调研　　第二阶段：初步概念形成　　第三阶段：设计概念互评

图 5-11　工作坊实践过程

　　第一阶段：选题调研。参与者根据自身意愿进行组别分类后，分别前往各自选择的场馆进行实地调研其中，5 组参与者前往"上海犹太难民纪念馆"，5 组参与者前往"上海自然博物馆"。在实地调研过程中，参与者积极寻找场馆内的典型展品，以便筛选出与之相关的文化特征。同时参观文创商店，详细了解已有文创产品的不同功能分类，深入思考这些文创产品的可能应用场景。

　　第二阶段：概念生成。首先，每个小组的参与者根据第一阶段选择的主题方向，运用意义驱动的博物馆智能文创产品服务系统设计方法模型对馆藏元素传递的信息进行意义维度的分析。其次，针对"本能意义"维度，从馆藏文化中筛选出代表性的元素符号，用以构思数字 IP 设计。针对"使能意义"维度，对博物馆现有的藏品和文创产品进行了使用功能的调研和分类，借鉴现有的交互方式并进行创新，进而展开功能演绎。针对"效能意义"维度，通过参与式设计方法，对博物馆现有藏品和文创产品展开情境溯源，为后续的共创设计做好铺垫。最后，在初步生成概念之后，小组内进行了概念初评（该阶段共生成 60 余款设计概念），根据互评结果进行了概念细化。

第三阶段：概念评估与优化。在此阶段，根据第二阶段的初步评价结果，对概念草图进行进一步细化，并在不同小组之间展开了相互评估。使用5分李克特量表，根据意义驱动的博物馆智能文创产品服务系统设计方法，对在"本能意义"维度下所体现的文化象征程度、在"使能意义"维度下所呈现的情感构建程度，以及在"效能意义"维度下的社群关系程度进行评估。在整个过程中，绘制评分曲线，以便于设计师进一步优化设计，

弥补设计不足。

如图5-12所示，该图为本次工作坊中以"上海自然博物馆"为主题的其中一组小组成员所设计的数字门票。该设计小组利用意义驱动的博物馆智能文创产品服务系统设计方法为热爱拍照打卡和积极探索自然的游客设计了一款"绘·恐龙时代"数字门票，该门票具有实现游客打卡、回忆、创作、留念、分享的功能（图5-13）。该设计概念的具体设计过程如下。

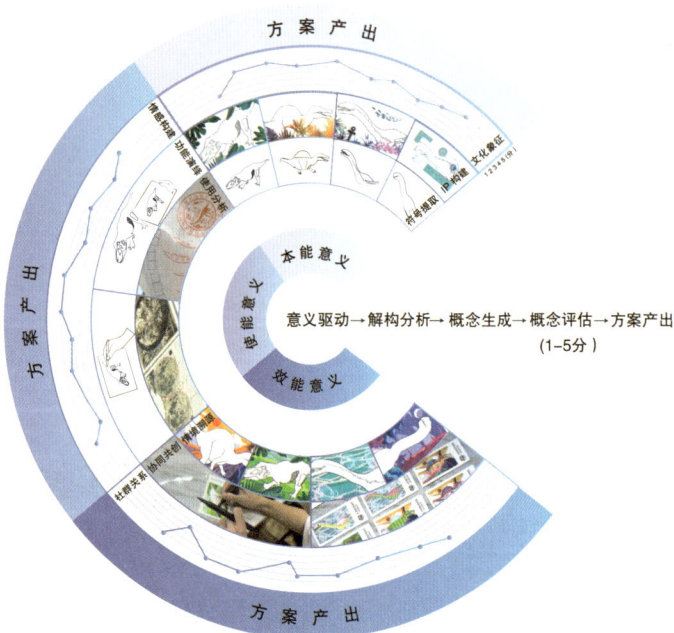

图5-12　"绘·恐龙时代"数字门票设计过程（图片来源：朱致怡）

首先，该组参与者前往上海自然博物馆进行实地调研，对现有藏品及文创产品进行调研，提取展馆内的文化符号元素。通过实地调研，选择了上海自然博物馆中"我们曾经来过"系列文创主题进行智能文创产品服务系统设计实践。其次，该组成员运用意义驱动的博物馆智能文创产品服务系统设计

方法模型进行设计概念生成。针对本能意义维度，选取馆内"我们曾经来过"系列中的恐龙进行符号提取，结合恐龙生活时代场景进行新的IP构建，在向游客科普恐龙知识的同时赋予游客对于上海自然博物馆文化象征；针对使能意义维度，通过对馆内纸质票证进行使用分析，对现有交互行为进行创

新，利用 AR 技术使游客能在场馆内进行位置打卡，给予游客跨越时空之感，连接博物馆与用户之间的情感；针对效能意义维度，通过溯源用户在使用博物馆票证时的文化情境后，发现大多数用户会将票证进行保存，因而具有一定的纪念意义。因此通过

共创设计的方式，使游客根据自己在博物馆的心情与记忆定制数字门票，能在增加游客趣味体验的同时还原历史，从而在向游客科普恐龙生命进化过程的同时提升社群关系。

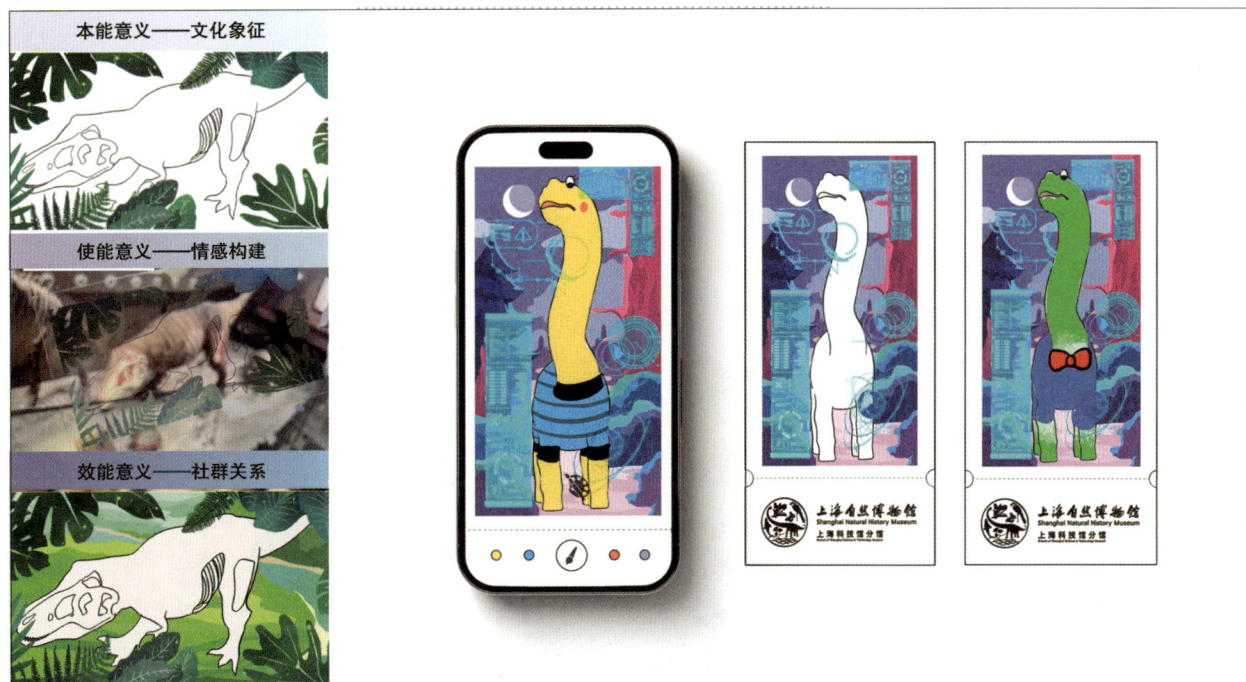

图 5-13　成果可视化（图片来源：朱致怡）

第四阶段：设计成果可视化。该阶段的参与者利用意义驱动的博物馆智能文创产品服务系统设计方法模型，针对"上海自然博物馆"以及"上海犹太难民纪念馆"进行设计实践，最终共生成 32 款智能文创设计概念方案，其中包含数字藏品、数字 IP、线上表情包以及数字明信片等，通过三维技术可视化最终设计概念，部分成果如图 5-14 所示。

### 5.2.3　评估分析

#### 5.2.3.1　评估结果

针对上述实践结果可以发现参与者能较好理解并使用意义驱动的博物馆智能文创产品服务系统设计方法进行设计实践，并能根据不同的产品意义维度生成相应设计方案。为了进一步验证该方法模型的可用性，以及参与者对该方法模型的接受度与满

意度，研究人员进行了问卷调研评估。

首先，研究人员回访了之前工作坊的 32 名参与者（有 2 名因个人原因没有参与）。一共选择了 30 位工作坊参与者作为调研对象，一起回顾意义驱动的博物馆智能文创产品服务系统设计方法模型；其次，告知参与者使用阿尼·隆德（Arnie Lund）提出的 USE 量表，分别从有效性、易用性、易学性以及满意度四个方面对该设计方法进行打分评估。该表基于 7 分李克特量表法，其中 1 分表示非常不同意，7 分表示非常同意。参与者需要根据自己对设计方法的使用感受，做出对于设计方法的评估，具体数据分析结果如表 5-6 所示。

图 5-14　工作坊部分设计成果

表 5-6　USE 量表评估分析

| 序号 | 问题选项 | 平均值 | 标准差 |
|---|---|---|---|
| | 有效性 | 5.621 | 0.851 |
| UU1 | 该方法模型能设计出更有效的智能文创产品服务系统 | 5.933 | 0.868 |
| UU2 | 该方法模型有助于我提高设计效率 | 5.800 | 0.761 |

续表

| 序号 | 问题选项 | 平均值 | 标准差 |
|------|---------|--------|--------|
| UU3 | 该方法模型是有用的 | 5.833 | 0.874 |
| UU4 | 该方法模型给我更多的步骤以帮助我进行设计活动 | 5.567 | 1.040 |
| UU5 | 该方法模型使我想完成的事情更容易完成 | 5.500 | 0.820 |
| UU6 | 当我使用该方法模型时,它节省了我设计的时间 | 5.367 | 0.928 |
| UU7 | 该方法模型满足了我的需要 | 5.333 | 0.802 |
| UU8 | 该方法模型能帮助我设计出我期望设计的产品 | 5.633 | 0.718 |
| | 易用性 | 5.073 | 0.894 |
| UE1 | 该方法模型很容易使用 | 5.333 | 0.959 |
| UE2 | 该方法模型使用起来很简单 | 5.100 | 0.803 |
| UE3 | 该方法模型对用户友好 | 5.400 | 0.894 |
| UE4 | 对于我需要完成的事情,该方法模型需要最少的步骤 | 5.100 | 0.803 |
| UE5 | 该方法模型很灵活 | 5.200 | 1.031 |
| UE6 | 使用该方法模型是毫不费力的 | 4.800 | 0.887 |
| UE7 | 我可以不用书面说明使用该方法模型 | 4.200 | 0.805 |
| UE8 | 我在使用该方法模型时没有注意到任何不一致之处 | 5.033 | 1.159 |
| UE9 | 偶尔和经常使用的用户都会喜欢该方法模型 | 5.367 | 0.850 |
| UE10 | 我可以很快很容易地纠正使用错误 | 5.000 | 0.788 |
| UE11 | 我每次都能成功地使用该方法模型 | 5.267 | 0.907 |
| | 易学性 | 5.300 | 0.837 |
| UL1 | 我很快学会了使用该方法模型 | 5.300 | 0.750 |
| UL2 | 我很容易记住如何使用该方法模型 | 5.367 | 0.999 |
| UL3 | 学会使用该方法模型很容易 | 5.367 | 0.850 |
| UL4 | 我很快就熟练掌握了该方法模型 | 5.167 | 0.747 |

续表

| 序号 | 问题选项 | 平均值 | 标准差 |
|------|---------|--------|--------|
| | 满意度 | 5.695 | 0.824 |
| US1 | 我对该方法模型很满意 | 5.700 | 0.915 |
| US2 | 我会把该方法模型推荐给朋友 | 5.800 | 0.805 |
| US3 | 该方法模型使用起来很有趣 | 5.733 | 0.828 |
| US4 | 该方法模型的工作方式是我想要的 | 5.500 | 0.861 |
| US5 | 该方法模型使用时令人很愉快 | 5.667 | 0.884 |
| US6 | 我觉得我需要该方法模型 | 5.733 | 0.785 |
| US7 | 该方法模型很好 | 5.733 | 0.691 |

**注**  在设计评估中未使用英文标签。其中 UU = 有效性，UE = 易用性，UL = 易学性，US = 满意度。

在方法有效性方面：UU1（该方法模型能设计出更有效的智能文创产品服务系统）均值最高（5.933），说明参与者对该方法模型的可行性较为认同。UU2（该方法模型有助于我提高设计效率）均值第二（5.800），说明用户对于该方法模型设计出的设计结果以及设计过程较为满意。

在方法易用性方面：该部分均值低于其他三部分。其中，UE7（我可以不用书面说明使用该方法模型）的单项均值最低（4.200），说明参与者在使用该方法时觉得不易理解，主要体现在对于产品意义维度中的一些专业词汇理解不足。UE6（使用该方法模型是毫不费力的）整体均值较低（4.800），说明参与者由于对方法模型的理解欠缺导致使用该方法时较为吃力。UE8（我在使用该方法模型时没有注意到任何不一致之处）在该阶段评估中标准差较高（1.159），说明参与者对于使用步骤以及理解上存在着一定的偏差。

在方法易学性方面：UL4（我很快就熟练掌握了该方法模型）单项均值最低（5.167），说明参与者对于该方法模型的掌握度欠缺。UL2（我很容易记住如何使用该方法模型）单项均值较高（5.367），说明参与者在理解完该方法之后能很快记住其使用方式。

在方法满意度方面：US2（我会把该方法模型推荐给朋友）单项均值最高（5.800），说明参与者对于该模型整体较为满意，愿意让更多的人使用该方法模型。US3（该方法模型使用起来很有趣）单项均值较高（5.733）说明参与者使用该模型时体验感较好，有利于参与者更好地使用该方法模型进行设计。

通过对上表数据进行均值与标准差分析，得出意义驱动的博物馆智能文创产品服务系统设计方法模型在四个评估方面的均值分别为：有效性（5.621）、易用性（5.073）、易学性（5.300）、满意度（5.695），整体均值较高，说明了该方法模型的可行性。但对于易用性和易学性两个方面的整体均值较其他两方面来说偏低。为了探究其内在原因，研究人员要求30位参与者针对问卷的填写进行解释说明。

#### 5.2.3.2　方法工具包补充

通过对参与者的评估意见进行分析，发现参与者在使用过程中对于"意义"维度的理解不够。主要体现在对于方法模型中的一些专有词汇，如"情境溯源""协同共创"等词汇理解不够透彻，在使用过程中容易产生歧义，需要加以解释。故研究人员对方法模型的表达进行了进一步优化，对方法内的步骤进行了解释，生成了一款帮助设计概念产出的方法工具包，从而让参与者在使用时能更直观地理解其中的词汇步骤，有助于设计师在使用时能更容易理解方法的使用过程。该工具包主要包括以下五个组成部分：用户研究卡、意义分析卡、方法解析卡、设计方案卡、设计评

估卡。

为了提高该工具包的实用性，工具卡片上的序号仅供参考。设计者可以根据具体项目的需求有选择地使用，也可以调整使用顺序或对内容进行修改。该设计方法工具包展示如下。

①用户基础研究卡：该模块用于细化目标用户群体特征，包括年龄、兴趣、习惯等。针对用户的访谈填写结果，以便获取关于他们对智能文化产品的需求和期望的信息。

②意义分析卡：该模块用于从用户研究数据中提取出产品意义的各个维度，如本能意义、使能意义、效能意义等。用户根据自身意义需求定位到三重意义维度，针对所需进行设计实践（图 5-15）。

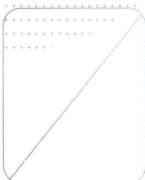

图 5-15　用户基础研究卡、意义分析卡

③方法解析卡：该模块以案例形式呈现了从用户研究到智能文创产品服务系统设计的整体流程，涵盖了每个环节的主要任务和产出成果。该呈现方式有助于设计师更快地掌握和使用该方法进行设计步骤的操作。通过实际案例的演示，设计师

以及用户能更轻松地运用这一方法，从而提高设计效率和质量（图 5-16~ 图 5-18）。

④设计方案卡：该模块依托图 5-10 方法模型，主要用于输出设计方案、创意或产品。它包括了设计的各个要素，如图形、文字、布局等，旨在清晰

地传达设计的意图和理念。该模块在设计过程中起到了非常重要的作用，因为它直接影响到用户对产品的第一印象和理解。设计师需要在这个模块中精

心选择和组织元素，以确保最终的呈现效果能准确地传达设计的意图和价值（图5-19）。

## 03 方法解析卡　　方法

意义驱动步骤

**本能意义驱动**

扫描展品　　提取符号线索　　塑造整体IP

↓

符号提取

从产品的外观、形态、颜色等方面识别出与用户直观感受相关的符号。通过符号提取，可以帮助设计者理解产品在感官上所传递的直观、有形的意义，为设计过程提供重要参考。

↓

IP塑造

在产品设计中塑造出博物馆独特形象，以赋予产品特定的特质、形象或情感色彩。

↓

文化象征

产品所携带的符号、图像、或者特定文化元素可以代表某种特定文化、价值观或者历史传统。

*使用指南*

本模块展示了从用户研究到智能文创产品服务系统设计的整体流程，包括了各个环节的关键任务和输出。

以上海自然博物馆数字门票设计作为该设计方法的演示案例。

图 5-16　本能意义解析卡

## 03 方法解析卡　　方法

意义驱动步骤

**使能意义驱动**

现有门票分析　打卡　拍照　检票　设计电子票证

↓

使用分析

综合考虑文创的功能和交互方式，进行现有藏品的调研与相关文创产品的功能解构，进而结合创新来对产品功能和交互方式进行优化。

↓

功能演绎

借鉴智能文创使用功能的分析，探索创新的交互方式，以概念为基础对数字文创产品的功能与交互进行重新演绎。

↓

情感构建

在使用过程中引发用户的情感共鸣或情感体验，从而丰富用户的生活体验，为用户的日常生活提供情感上的满足感。

*使用指南*

本模块展示了从用户研究到智能文创产品设计的整体流程，包括了各个环节的关键任务和输出。

以上海自然博物馆数字门票设计作为该设计方法的演示案例。

图 5-17　使能意义解析卡

## 03 方法解析卡　　方法

意义驱动步骤

**效能意义驱动**

溯源文化情境　纪念意义　共同讨论创作　共享电子票证展示

↓

情景溯源

产品在使用过程中能够让用户追溯到特定的场景或情境，从而引发一些特定的情感、回忆或体验。

↓

协同共创

群体共同创造或完成某个任务、项目或目标的过程。在这个过程中，参与者们可以共享资源、知识和技能，以实现共同的目标。

↓

社群关系

使用过程中促进用户与社群之间建立联系、共享经验、形成共同体验的能力。这种维度强调了产品在社交方面的作用，让用户在使用产品时能够与他人进行互动和交流。

*使用指南*

本模块展示了从用户研究到智能文创产品服务系统设计的整体流程，包括了各个环节的关键任务和输出。

以上海自然博物馆数字门票设计作为该设计方法的演示案例。

图 5-18　效能意义解析卡

## 04 设计方案卡　　设计

意义驱动方案呈现

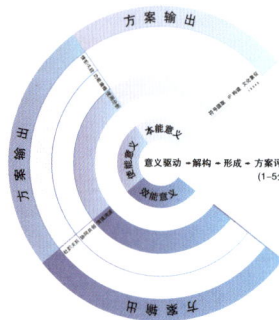

方案输出

意义驱动→解构→形成→方案评估→方案输出（1-5分）

*使用指南*

本模块以"意义"为指引，设计师在创新设计中聚焦于三个层面的产品意义："本能意义、使能意义、效能意义"从而提升消费者的文化象征认知、情感构建，以及社群关系的发展。在此基础上，研究者优化了意义驱动的博物馆智能文创产品设计方法以博物馆、智能文创产品和消费者三大核心要素为中心，逐层展开内涵，构建了一个从内向外的设计框架。

图 5-19　设计方案卡

⑤ 设计评估卡：该模块是一个用于对设计方案或产品进行评估和审查的部分。旨在帮助设计师和

其他利益相关者了解设计的优缺点、可改进之处等（图5-20）。

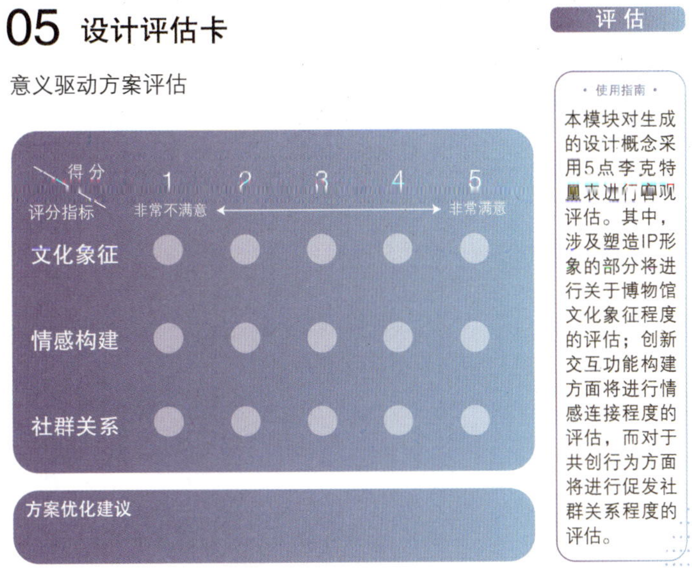
05 设计评估卡
评估
意义驱动方案评估
得分
评分指标
1
2
3
4
5
非常不满意
非常满意
文化象征
情感构建
社群关系
方案优化建议
· 使用指南 ·
本模块对生成的设计概念采用5点李克特量表进行客观评估。其中，涉及塑造IP形象的部分将进行关于博物馆文化象征程度的评估；创新交互功能构建方面将进行情感连接程度的评估，而对于共创行为方面将进行促发社群关系程度的评估。

图 5-20　设计评估卡

综上所述，该设计工具包为博物馆智能文创产品服务系统设计研究提供了直接可用的方法，让设计师能迅速上手。同时，它也为类似思路的设计研究提供了设计、验证和优化的参考依据。该工具包的应用不仅能为设计师提供更多博物馆智能文创产品服务系统设计的方法，也能为整个设计研究领域提供实用的经验。

本节在理论层面，将“意义”导入博物馆智能文创产品服务系统设计研究中，提出意义驱动的博物馆智能文创产品服务系统设计框架，分别为本能意义表达文化象征、使能意义促进情感构建、效能意义构建社群关系。在实践层面，首先，以工作坊的形式邀请 32 名设计专业参与者使用该框架进行设计应用；其次，通过标准化问卷 USE 量表验证该框架的有效性。

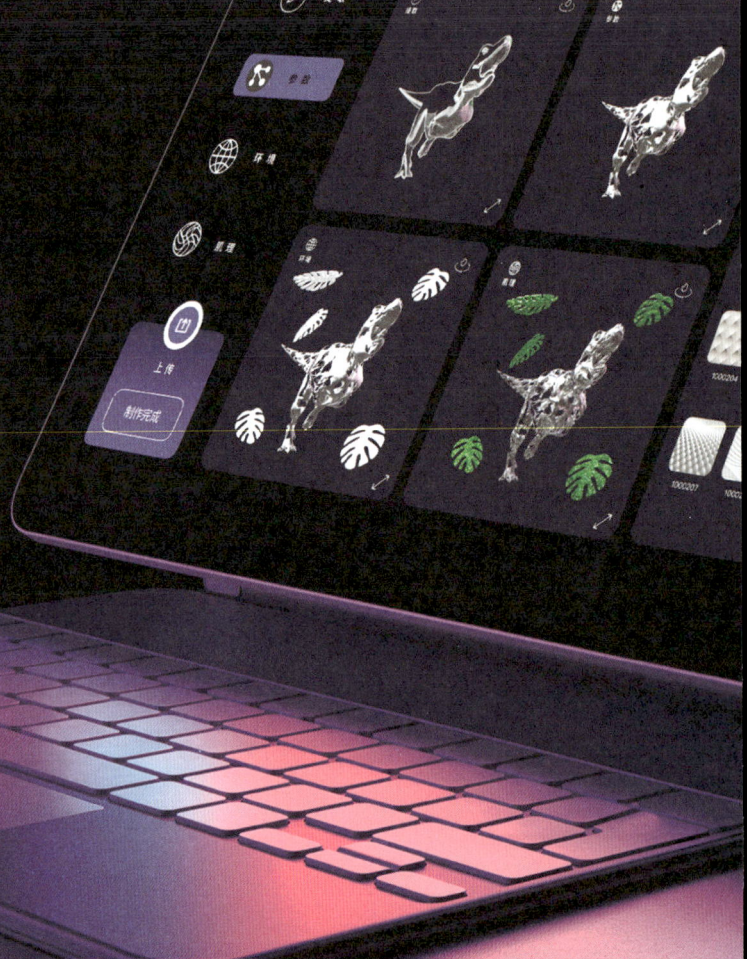

这是一款针对"Z世代"年轻用户群体、以上海自然博物馆为背景的智能文创生成系统。该系统的目的在于通过参与式设计的方式，为用户提供全新的博物馆智能文创产品体验。用户根据自己的意愿自由调整"环境""参数""材质""颜色"四个象限的数值，创造出属于自己独一无二的智能文创产品。用户可以上传或分享自己的设计，将自身在博物馆游览中的独特体验留存，从而增进博物馆与用户之间的紧密联系。

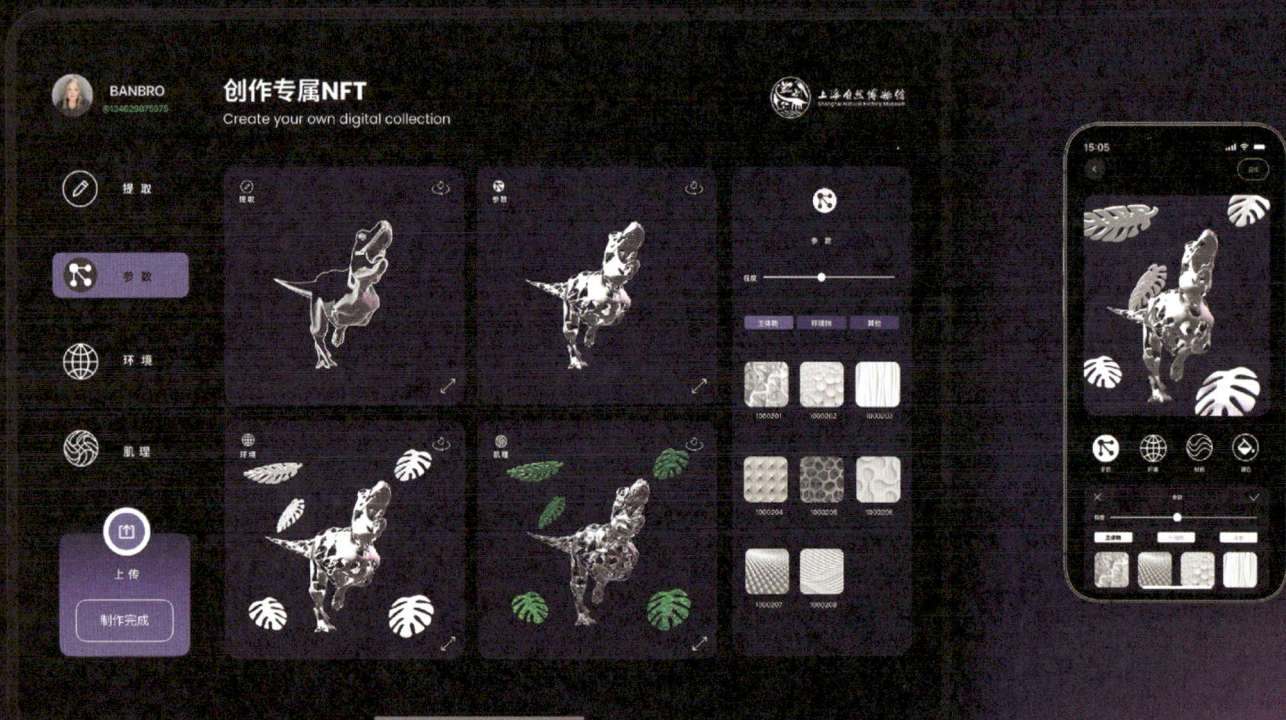

# 5.3　共享驱动智能出行产品服务系统设计

智能出行产品服务系统通过结合信息技术、物联网、大数据和人工智能等技术，提高了交通效率，在节约能源和减少排放的同时改善用户体验。随着科技发展，共享经济逐渐成为现代社会一个重要组成部分，并已出现形式多样的智能共享出行产品及服务。智能共享充电桩作为智能出行的重要部分，不仅提供电动汽车的充电服务，还涉及设备的调度、维护、用户互动以及数据管理等多个方面。随着智能出行的进一步发展，智能共享充电桩将会越来越多地与其他智能交通系统（如共享汽车、自动驾驶车辆等）结合，形成更加智能化和一体化的出行服务生态。同时，人工智能和大数据的应用将进一步提升用户体验，推动这一领域的持续创新。

积极体验视角下的智能共享充电桩设计研究，强调在提升技术功能的同时，注重用户的情感和体验，以服务于不同时间、场景下的差异化用户需求。这不仅有助于改善用户的使用体验，还可以提高充电桩的利用率，增强用户的长期忠诚度。

## 5.3.1　模型构建

### 5.3.1.1　积极体验与共享设计

积极体验设计是结合积极心理学与设计学而生成的一项为用户带来正向价值的创造活动。积极体验设计的三个层次包括为愉悦而设计、为个人意义而设计、为利他美德而设计。在愉悦设计层面，谢尔顿等学者认为，设计持续不断的新鲜积极事件和情绪反馈是提高用户愉悦感的有效方式。吴春茂等阐述了负面情绪也能转化为积极情绪，并提出了将消极情绪转化为积极体验的设计框架。在意义设计层面，哈森扎尔等认为，产品有趣是因为给用户带来有意义的体验，这源自用户行为、情感评价、认知过程。古德曼等指出，将产品设计与经历、用户、场景等联系起来时，就会产生积极意义。引入意义有助于延长产品的使用寿命，并支持幸福感构建。在利他美德设计层面，邓恩（Dunn）等的研究表明，利他行为比利己行为更能提升个体的主观幸福感。特罗普（Tromp）等则发现个体幸福与集体幸福密切相关。利他行为不以个人物质及精神收获为首要目标，是一项有益于社群和谐的活动，也是一种社会美德的体现（表5-7）。在积极心理学理论影响下，学者们已构建了愉悦、意义、利他等层面的积极体验设计方法路径。愉悦层面关注设计给用户带来的短暂而强烈的情绪体验，意义层面关注设计所带来的相对持久而连续的积极情感状态，利他层面则关注设计对社群关系的和谐幸福。

表 5-7　积极体验设计相关文献

| 层次 | 作者（时间） | 观点 | 相关性比较 |
|---|---|---|---|
| 愉悦层面 | 谢尔顿，柳博米尔斯基<br>(Sheldon & Lyubomirsky, 2021) | 积极事件的多样性可以提升幸福感，可持续的新鲜积极事件及情绪反馈是提高用户愉悦感的有效方式 | 通过设计创造积极可能与丰富积极体验带给用户短暂愉悦情绪体验 |
| | 吴春茂，等<br>(Wu, Li & Dong, 2022) | 提出了一个将消极情绪转化为积极体验以提升用户愉悦感知的设计框架 | |
| 意义层面 | 哈森扎尔，等<br>(Hassenzahl, et al., 2013) | 产品之所以有趣是因为它传达了一种对用户有意义的体验 | 通过设计激励意义行为与提升个体幸福带给用户长期积极情感状态 |
| | 古德曼，等<br>(Goodman, et al., 2019) | 与相关阅历、用户、场景、事件联系起来时，产品本身就具备了一种有意义的积极体验 | |
| 利他层面 | 邓恩，等<br>(Dunn, et al., 2020) | 相较于利己行为，利他行为更能提升个体的主观幸福感 | 通过设计贡献社区服务与促进社区繁荣带来社群关系的和谐幸福感 |
| | 特罗普，维亚尔<br>(Tromp & Vial, 2023) | 个体幸福与集体幸福密切相关，可以通过产品对用户认知的影响，来促进用户做出利于群体的行为 | |

《牛津词典》中将"共享"的释义主要分为以下几个层次：与他人同时拥有、使用或体验某事；拥有某物的一部分，而另一个人或其他人也有一部分；把你所拥有的一些给予别人，让别人使用属于你的东西；与他人有相同的感受、想法、经历等。从定义中可得出共享作为社群集体互动的一种表现方式，能强化用户间的互动体验，有助于加强社群纽带，增强社群凝聚力。研究和总结社区用户共享意愿的积极设计因素，可引导人们在社群中持续进行共享与交流。

前期学者从愉悦、意义和利他的积极体验视角出发，对共享产品进行了一定的设计研究。在愉悦层面，崔南柱等以雅虎社区回答者为研究对象，发现自我效能和快乐对共享意愿有显著正向影响，而共享行为也能反向培养自我效能和快乐。在意义层

面，杰罗莱穆（Gerolemou）等认为共享产品有助于强化个体间的互惠关系，并提出参与者之间共享的共同美德和目标，使他们与社群联系在一起，以促进积极成果的取得和个体价值的实现。在利他层面，杨林在研究中认为共享产品设计中的合理发展，要从设计的源头建立起道德理性意识，从而在辩证关系中实现共享价值。冯鑫等研究发现个体参与共享活动的影响因素包括：互惠意识、群体认同、利他意愿、物质奖励。张燕婷等将共享活动与积极体验进行融嵌，提出了面向集体关系和谐的设计路径。该路径将参与感、获得感、幸福感作为设计实现目标，有助于提升用户日常行为的愉悦感、长期愿景实现的意义感，以及社群关系和谐的幸福感（表 5-8）。

表 5-8　积极体验视角下的共享产品设计相关文献

| 层次 | 作者 | 贡献 |
|---|---|---|
| 愉悦层面 | 崔南柱，等<br>(Choi et al., 2015) | 自我效能和快乐对知识共享意愿有显著的正向影响，而共享行为也能反向培养自我效能和快乐 |
| 意义层面 | 杰罗莱穆，罗素，斯坦利<br>(Gerolemou & Russell, Stanley, 2022) | 共享产品强化个体互惠关系，通过共同美德、目标与社群联系，促进积极成果和个体价值实现 |
| 利他层面 | 杨林<br>(2021) | 共享产品设计中的合理发展，要从设计的源头建立起道德理性意识，从而在辩证关系中实现价值 |
|  | 冯鑫，等<br>(Feng, et al., 2021) | 利他意愿是个体参与共享活动的影响因素之一 |
|  | 张燕婷，等<br>(2019) | 提出面向集体关系和谐的设计路径，该路径以参与感、获得感、幸福感作为设计目标 |

前期，学者们明确了积极体验设计理念与愉悦、意义、利他的框架层次内涵，阐述了共享产品设计定义目标及如何在三个层次维度上强化积极体验。在以上研究中，学者们对于共享产品领域里的精准化积极体验设计策略研究方面仍不深入。在此基础上，以积极体验视角下的三个层次作为设计目标，提出共享驱动下的智能产品服务系统设计策略框架，能够帮助设计共享型智能产品服务系统，以提升利益相关者积极体验，打造和谐繁荣社群关系。

### 5.3.1.2　设计框架与策略

#### （1）设计框架

为了提升用户主观幸福感，以智能共享产品服务系统设计目标（参与感、获得感和幸福感）为内圈，以积极体验设计层次（愉悦、意义、利他）为外圈建立提升愉悦体验感、主观幸福感、社群和谐感的智能共享产品服务系统设计策略框架。通过该框架辅助设计师准确把握用户需求，产出概念故事，设计提升用户主观幸福感的智能共享产品，通过智能共享设计促进社群成员间交流，提升社群和谐氛围。在共享产品背景下，基于前期学者提出的共享设计路径，以提升用户幸福感为导向，总结出三个智能共享产品服务系统设计目标：激励分享者参与感、增进接收者获得感、提升社群幸福感。

①激励分享者参与感：分析用户参与共享的态度、动机，以激励分享者参与共享活动为目标，触发用户的积极分享态度和共享意图，设计刺激用户基于自我需求进行持续性共享行为。

②增进接收者获得感：通过设计加强接收者的获得感，这种获得感既可以是物质利益的获得感，也可以是内在精神的获得感。

③提升社群幸福感：通过加强个体及社群间的社会纽带，增强个体对社群的归属，丰富社群成员的情感体验，并打造和谐繁荣的社会氛围，提升社群整体幸福感（图 5-21）。

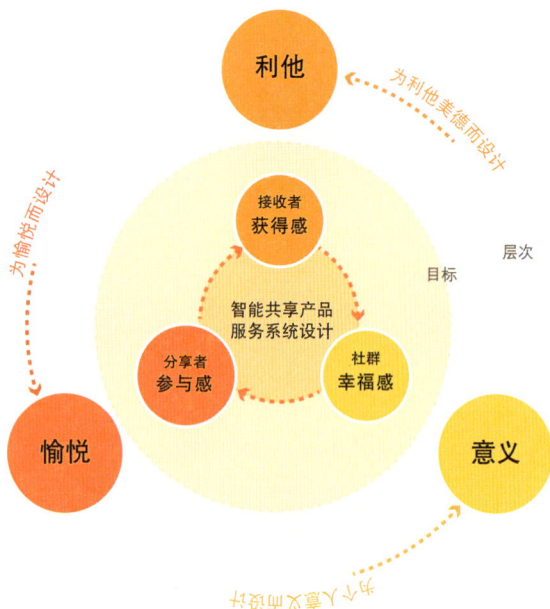

图 5-21    智能共享产品服务系统设计框架

积极体验设计强调不仅要在愉悦层面为用户提供积极的情绪体验，还需在意义层面对用户的个人发展产生长期积极影响，同时在利他层面帮助用户建立良好的集体关系和持久幸福感。智能共享产品服务系统作为一种多个用户共同使用同一资源的解决方案，能够作为中介效应传递积极体验与促进社群关系建立。故将积极体验设计的三个层次（为愉悦而设计、为个人意义而设计、为利他美德而设计）运用于框架中，具体分析如下。

①愉悦层面：为愉悦而设计是指通过设计让用户感知片刻的快乐体验，通过快乐和舒适的反馈实现短暂的愉悦感知。设计既可以是愉悦体验的直接来源（比如，使用充电桩时播放悦耳的音乐让用户心情舒畅），还可以是促进愉悦的某项行为（比如，设计促使用户与他人进行友好交流）。

②意义层面：为个人意义而设计关注的不只是设计给用户带来的短暂愉悦体验，更是通过设计实现自我愿景或生活价值，以实现可持续性幸福。从设计角度来讲，产品是通过鼓励用户做出有意义的行为，并激励用户实现自身目标的载体。

③利他层面：为利他美德而设计通过设计一种利他的、有美德的产品服务，为他人乃至社会带来和谐福祉，实现用户社会价值与幸福感。这种福祉可以是为他人提供帮助，也可以是为社会、生态环境考虑。

（2）设计策略

为了清晰了解设计框架中各部分具体的设计策略，通过检索共享设计相关文献，以 Web of Science 为文献来源，"共享产品""共享活动""分享行为"为关键词，收集到 2018~2023 年的相关文献 753 篇，经筛选得到与智能共享产品服务系统设计关系较为密切的文献 55 篇，运用 Citespace 软件提取出 27 个关键词，采用专家讨论与聚类分析法，以智能共享产品服务系统设计策略为分类原则，从设计学角度对关键词进行分析聚类，并采用 HANABI 数据可视化呈现该结果（图 5-22）。

在积极体验视角下，将以上关键词聚类为 9 个策略因子：

①外因刺激：奖励反馈、信息交流、名誉。

②情感反馈：用户接受度、情感满足、感谢。

③唤醒效能：自我效能、知识共享、文化信仰。

④感官愉悦：视觉效果、色彩、感官体验。

⑤感知价值：可用性、社会资本、精神健康。

⑥社会反思：生态环境、环境保护、产生社会影响。

⑦强化纽带：人际关系、信任、协作。

⑧增强归属：社会福利、社区归属、社会支持。

⑨营造氛围：贡献、群体认同、社区氛围。

图中文字（HANABI 可视化）：

左侧文献标题：
- 社会资本、用户动机与在线平台服务的协同消费
- 使用可视化来激励学生参与协作在线学习环境
- 建立学校信息互动网络 实现中学文献资源共享
- 发展中经济体中的共享经济：休闲企业的视角
- 使用同行反馈激励在线学习环境中的团队合作
- 潜伏者与贡献者：对开放创新社区知识贡献行为的实证调查
- 关于影响乘客共享车行为的因素回顾
- 评估声誉机制对问答社区影响的综合方法
- 参与共同创造社区的用户动机：当地汽车案例研究
- 我们分享什么，如何分享？共享范例和实践的系统回顾
- 以用户为中心创造群体的双意图图建模
- 中国微信用户环境信息分享行为的影响因素研究——基于 UGT、越南和 TPB 的整合模型
- 我分享，因此我相信：eWOM参与对社会商业影响的适度调解模式
- 在线健康社区的特定知识共享意愿：归属感的调节作用
- 调查旅游用共享自行车对游客体验的影响及其后果
- 情绪对在线信息共享行为的影响
- "绿色，但没那么绿"：巴西自行车共享系统分析
- 电子健康素养和信息技术接受度之间的关系，以及孕妇分享个人和健康信息的意愿
- 虚拟型社区参与者知识共享行为的影响因素研究
- 探索社区公平对用户分享信息意愿的偶然性影响
- 不同性别使用共享自行车的动机：来自lisbon的见解
- 通过社会问答互动提高公众对开源软件的认识和采用
- 探索游戏活动如何激励用户参与在线公民科学平台
- 评估TripAdvisor的游戏化：对众包平台有效吗？
- 消费者为什么成为提供者？共享经济中的自决理论
- 在产品服务系统解决方案中参与可持续用户行为的游戏化方法
- 评估激励年轻人志愿服务的因素
- 影响支付宝用户参与蚂蚁森林活动的动机：一项实证研究
- 什么触发了送礼程序的应用？一个用户与非用户之间的比较
- 探索参与技能共享服务的动机和障碍：来自东京西郊案例研究的启示
- Nebula，高质量在线学习体验的游戏化框架
- 对激励用户参与在线社区的因素的调查
- 用户在社会问答社区中分享健康信息的意愿：中国的横断面调查
- 韩国尔的环境意识和参与状况以及激励绿色生活方式缓解气候变化的因素
- 基于计划行为理论的问答社会网络社区知识共享行为可持续性
- 关于在线社区用户参与企业新产品开发的动机和模式的研究：--以小米社区为例
- 基于刺激-有机体-反应理论视角的用户利益对持续责贡行为的影响
- 促进信息共享的可持续性-社交媒体社区潜伏行为的模糊集定性比较分析
- 社区贡献对学生学术成就的影响
- 联合学习的激励机制：持续的零决定性战略方法
- 竞争性对对在线问答社区知识贡献行为的影响：社会比较视角
- 在线环境中的合作学习：挑战和解决方案
- DIM-DS：基于智能合约和进化博弈论的联合学习数据共享动态激励模型
- 公务员的知识共享态度和行为：奖励背后的动机
- 调查LINE用户担忧之间的关系、信息共享意图和信息共享行为的动机
- 是什么驱动了社交媒体用户的新闻分享行为？社会资本视角下的关系沟通模型
- 医疗保健中的慈善捐款：是什么驱使伊朗人捐款？
- 老年人参与共同创造共同生产健康促进社区服务
- 中国文化背景下虚拟社区知识共享影响因素的实证研究
- 激励措施在使用基于区块链的平台共享敏感健康数据中的作用：实验研究
- 志愿者保护行动背景下的社会资本
- 用户参与在线众包平台的动机
- "我无法表达我的感激之情"：网络社区中的"感激循环"
- 学生缺乏兴趣、学习动机和课堂参与：如何激励他们？
- ODW质量、用户的态度和参与在线共同创作体验的意愿

中间关键词：名誉、感谢、情感满足、用户接受度、自我效能、奖励反馈、信息交流、知识共享、文化信仰、色彩、视觉效果、感官体验、社会资本、可用性、精神健康、生态环境、环境保护、社区氛围、产生社会影响、贡献、社区归属、群体认同、社会支持、社会福利、协作、信任、人际关系

设计策略因子：情感反馈、外因刺激、感官愉悦、唤醒效能、强化纽带、感知价值、增强归属、社会反思、营造氛围

目标：增进接收者获得感、激励分享者参与感、提升社群幸福感

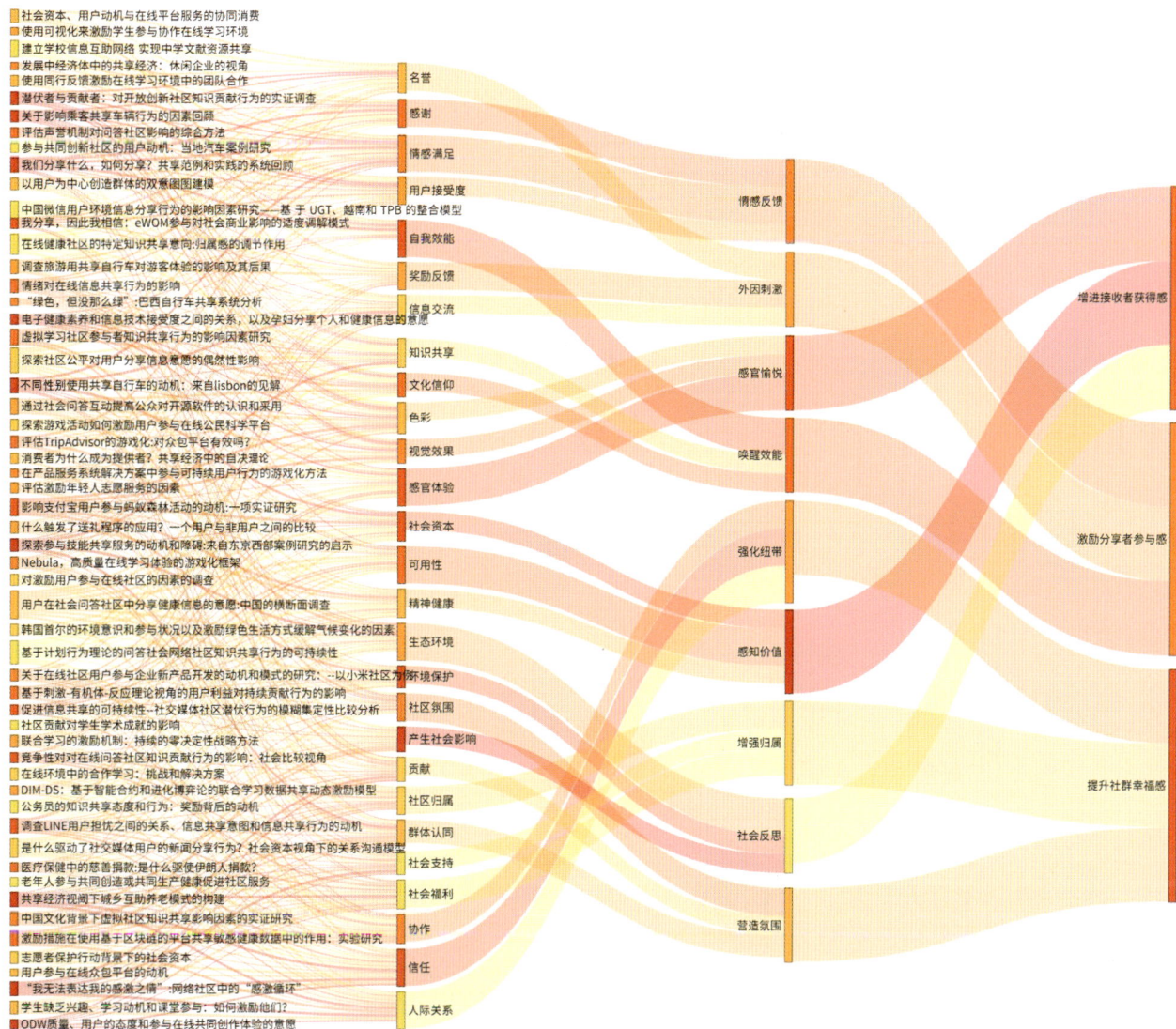

图 5-22　智能共享产品服务系统设计策略的 HANABI 可视化

以下主要从3个目标与层次维度对关键词聚合形成的9个设计策略因子的具体内涵进行阐述，包括以激励分享者积极参与共享活动的设计策略、为增进接受者在共享活动中获得感的设计策略、以提升社群整体幸福感的设计策略（图5-23）。

①激励分享者参与感：从愉悦、意义和利他三个层面入手，通过物质奖励、情感满足和社会责任感的结合，多层次激发分享者的积极性，可以有效提升分享者的参与意愿和持续性［图5-24（a）］。

愉悦层面——外因刺激：通过有形或无形的奖励机制促使分享者获得及时反馈，从而乐意参与共享活动。有形反馈主要指经济反馈等有形奖励反馈回报，无形反馈则是来源于社会认可的无形回报，例如尊重、名誉等。

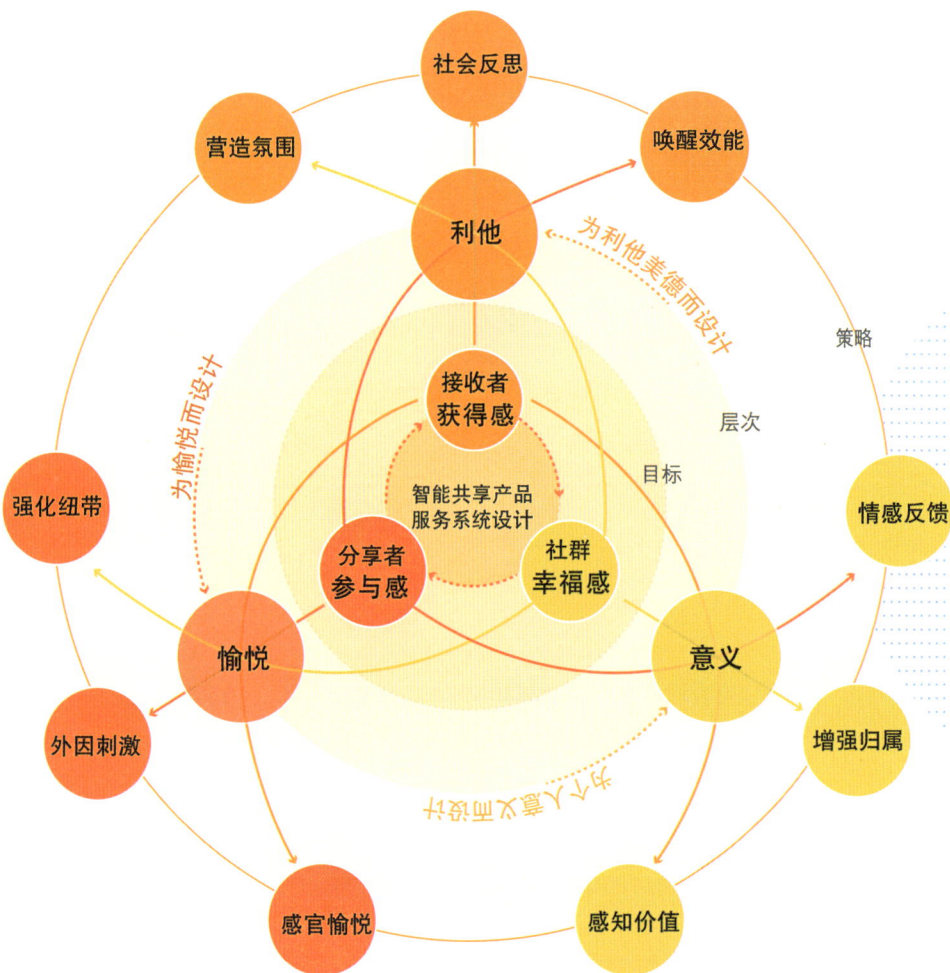

图 5-23　智能共享产品服务系统设计策略框架

意义层面——情感反馈：通过提升参与者共享行为产生的长期自我价值感和满足感，从而刺激参与者持续参与共享。提升用户情感反馈的方式主要是娱乐、情感满足和收获感谢等。

利他层面——唤醒效能：个体会基于对自我效能的自信和对社会影响的自我责任做出共享行为。例如，当个体意识到自己的行为可能会对社会、自然资源或环境产生积极影响时，他们会觉得自己有道德与义务这样做，从而刺激个体更愿意参与知识分享。

②增进接收者获得感：从感官体验、实用价值和深层反思入手，通过感官刺激、价值感提升和引导用户持续参与共享行为。可以提升其参与共享活动的内在动力，有效增强接收者在共享活动中的参与感和满意度［图 5-24（b）］。

愉悦层面——感官愉悦：提升视、听、触、味、嗅等感官体验给接收者带来的愉悦度是吸引其参与活动的重要方式，利用和发掘感官的自然能力可在设计中带给用户积极感官体验。

（a）激励分享者参与感设计策略　　　　　　　　（b）增进接收者获得感设计策略

（c）提升社群幸福感设计策略

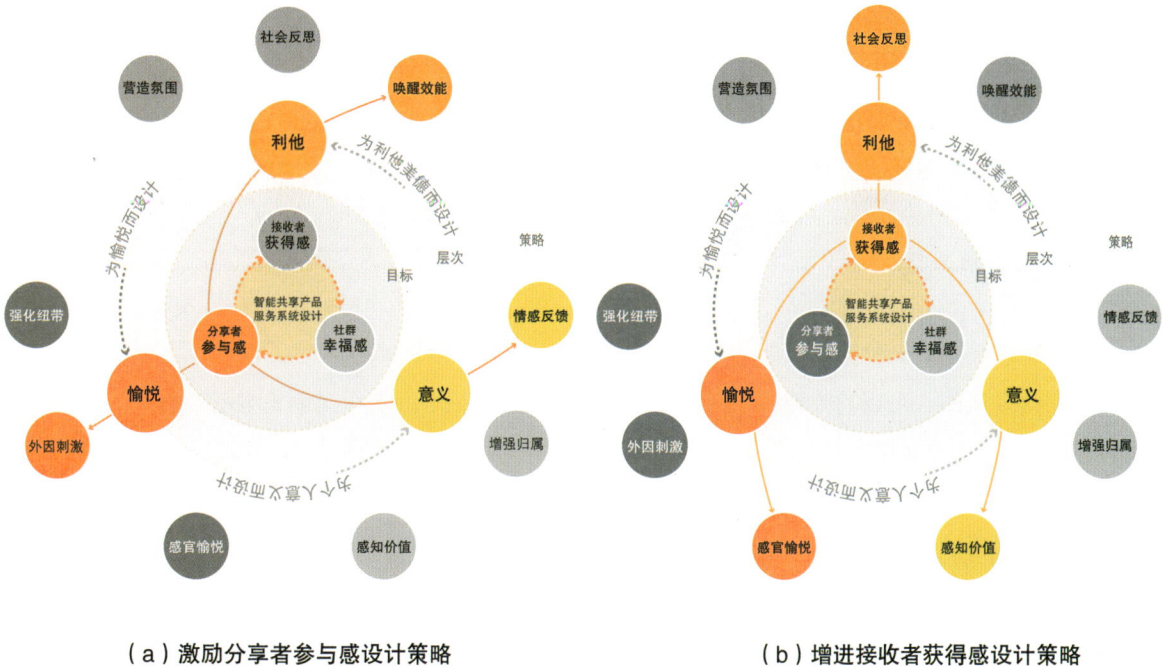

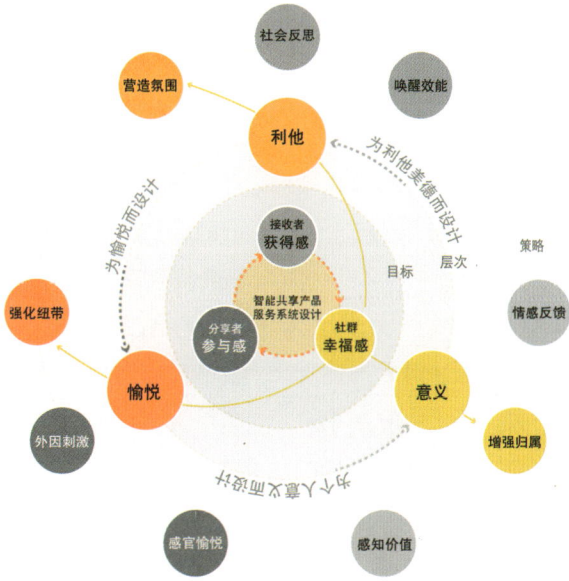

图 5-24　三个维度的智能共享产品服务系统设计策略框架

意义层面——感知价值：提升接收者在共享系统中获得的长期实用价值与精神价值可丰富用户体验，促使用户参与活动。使用价值是指通过使用产品或服务获得的实际利益，如可用性、社会资本、健康性等，而精神价值是指由体验引起的价值，如精神状态改善、意义认知等。

利他层面——社会反思：引导接收者在参与共享活动的过程中产生生态环境、社会道德等维度的反思，刺激个体持续性参与下一步的共享行为［图5-24（c）］。

③提升社群幸福感：通过强化人际关系、提升归属感和优化社区氛围，可以有效增强社群的凝聚力和幸福感，进而促进个体的共享行为意愿。

愉悦层面——强化纽带：人与人之间的友好关系与信任是社群幸福的基石，而加强个体间的愉悦协作是智能共享产品服务系统的设计目标之一。

意义层面——增强归属：归属感与社群的幸福指数呈显著正相关，社群幸福感越高，个体归属感越强，反之亦然。个体参与社区活动会提升个体的社区归属感，同时归属感又可以显著增加个体在社群中的共享行为。

利他层面——营造氛围：社区氛围积极影响用户参与活动的表现，有助于共享活动的安排与执行。

### 5.3.1.3　设计算法

近年来，学者们逐渐将科学设计算法导入产品创新设计过程中，通过主客观相结合的方式有助于产品创新设计概念生成。例如，张璐等学者提出了以用户感性需求为导向的产品设计方案的评估方法。基于智能共享产品服务系统设计策略框架，整合设计流程，可得到相应的概念生成和评价计算公式，以帮助设计师梳理概念想法以及评估设计产出。首先基于上述设计策略框架，设计师综合"设计目标""设计层次"和积极体验视角下的智能共享产品故事，提出用户的"设计愿景"作为概念设计方向。

最终产生的设计为结合9个影响维度设计策略和其他设计因素的组合解。因此，智能共享产品服务系统的概念生成公式可表示如下。

$$C_i = \sum_{n=1}^{n} C_K + \sum_{n=1}^{n} C_P + \sum_{n=1}^{n} C_H + \sum_{n=1}^{n} C_N + \sum_{n=1}^{n} C_R +$$
$$\sum_{n=1}^{n} C_E + \sum_{n=1}^{n} C_J + \sum_{n=1}^{n} C_L + \sum_{n=1}^{n} C_M + \varphi_t$$

式中：$C_i$ 表示为设计概念集，$C_K$ 代表外因刺激设计策略概念，$C_P$ 代表情感反馈设计策略概念，$C_H$ 代表唤醒效能设计策略概念，$C_N$ 代表感官愉悦设计策略概念，$C_R$ 代表感知价值设计策略概念，$C_E$ 代表社会反思设计策略概念，$C_J$ 代表强化纽带设计策略概念，$C_L$ 代表增强归属设计策略概念，$C_M$ 代表营造氛围设计策略概念，$\varphi_t$ 代表其他设计策略概念。

在设计概念的筛选评估过程中，每个设计策略概念均根据不同设计愿景存在一定权重差异。因此，引入主观权重分析的层次分析法。基于目标用户的价值观，可构建目标层（智能共享产品服务系统设计）和准则层（9个策略维度）的二级评价体系，从用户的视角提供9个评价指标的权重值。首先将总目标层记为集合 $A$，即 $A$ 代表理想的智能共享产品服务系统。邀请目标用户对每一项准则从1~7进行打分，代表用户认为该项准则对概念生成的感知有用度，1分为最低分，7分为最高分，由此构建相应指标判断矩阵：

$$A = \begin{bmatrix} \alpha_{11} & \alpha_{12} & \alpha_{13} & \cdots & \alpha_{18} & \alpha_{19} \\ \alpha_{21} & \alpha_{22} & \alpha_{23} & \cdots & \alpha_{28} & \alpha_{29} \\ \alpha_{31} & \alpha_{32} & \alpha_{33} & \cdots & \alpha_{38} & \alpha_{39} \\ \cdots & \cdots & \cdots & \cdots & \cdots & \cdots \\ \alpha_{81} & \alpha_{82} & \alpha_{83} & \cdots & \alpha_{88} & \alpha_{89} \\ \alpha_{91} & \alpha_{92} & \alpha_{93} & \cdots & \alpha_{98} & \alpha_{99} \end{bmatrix}$$

式中：$\alpha_{ij}$ 代表用户对准则 $i$ 的评分（$\alpha_i$）与对准则 $j$ 的评分（$\alpha_j$）之比：

$$\alpha_{ij} = \frac{\alpha_i}{\alpha_j},\ \alpha_{ji} = \frac{1}{\alpha_{ij}}$$

由于判断矩阵 $\mathbf{A}$ 中的每一列都近似地反映了权值的分配情形，因此可采用全部列向量的算术平均值估计权重向量，先将 $\mathbf{A}$ 的元素按列归一化，即：

$$D = \frac{\alpha_{ij}}{\sum_{k=1}^{9} \alpha_{kj}}$$

式中：$\sum_{k=1}^{9} \alpha_{kj}$ 代表所在列的和，$\mathbf{D}$ 代表归一化的判断矩阵 $\mathbf{A}$。

再次，将归一化后的各列相加，相加后的向量除以 $n$ 即得到权重 $\omega_i$：

$$\omega_i = \frac{1}{9}\sum_{j=1}^{9} \frac{\alpha_{ij}}{\sum_{k=1}^{9} \alpha_{kj}} = \frac{1}{9}\sum_{j=1}^{9} D$$

最后，将每个指标的权重代入设计策略，得出概念评估公式：

$$T_i = \omega_1 \sum_{n=1}^{n} C_K + \omega_2 \sum_{n=1}^{n} C_P + \omega_3 \sum_{n=1}^{n} C_H + \omega_4 \sum_{n=1}^{n} C_N + \omega_5 \sum_{n=1}^{n} C_R +$$

$$\omega_6 \sum_{n=1}^{n} C_E + \omega_7 \sum_{n=1}^{n} C_J + \omega_8 \sum_{n=1}^{n} C_L + \omega_9 \sum_{n=1}^{n} C_M + \varphi_t$$

式中：$\mathbf{T}_i$ 为实际设计过程中产生的最终概念，设计中包含了多次的方案迭代过程，可重复使用上述公式逻辑进行评估和设计优化。

## 5.3.2　设计实践

为了验证设计策略框架的可行性与有效性，以智能共享充电桩为对象进行设计实践。整个过程遵循了智能共享产品服务系统设计策略框架与设计算法，其流程如下：首先，依据上述公式通过 9 个设计策略对概念进行多次发散形成概念集，再由利益相关者筛选出典型方案，部分概念设计结果，如图 5-25 所示。

### （1）激励分享者参与感的设计概念

外因刺激：提出一款实现"奖励反馈"的智能充电桩，用户通过使用充电桩获取积分或数字代币，然后积累代币换取奖励，通过物质反馈激起用户兴趣，刺激用户使用产品。

情感反馈：提出一款可以使用户"情感满足"的智能充电桩，该智能充电桩通过人脸识别分析用户表情、判断用户情绪。情绪好的用户可以留下音乐、视频、文字等信息，若用户心情低落，则可获取信息，排解消极情绪。该产品通过强化用户积极情绪，调节用户消极情绪，帮助用户实现心情愉悦，提升用户满足感。

唤醒效能：提出一款培养"元宇宙"虚拟植物的智能充电桩，用户通过使用充电桩养成植物，生成自己的虚拟花园，通过树木的生长联想到生态环境。游戏化交互方式充满趣味的同时，暗示用户的充电行为可以保护环境，驱动用户基于保护环境的认知使用充电桩，提升自我效能。

### （2）增进接收者获得感的设计概念

感官愉悦：提出一款多"感官体验"结合的智能充电桩，触觉、听觉与视觉相结合，通过音乐、植物等要素强化使用者的感官愉悦度，吸引用户使用。

感知价值：提出一款可以引导用户进行"碎片时间应用"的智能充电桩，用户可以利用等待充电的时间跟随屏幕指示进行运动、缓解疲劳，长期的碎片化时间运动可以调整状态，提升智能充电桩实用价值与用户健康。

社会反思：提出一款"引起反思"的智能充电桩，使用"冰山生成"的方式展现充电过程，以此激发用户对生态环境的反思，进而促使用户采取环境保护行动。

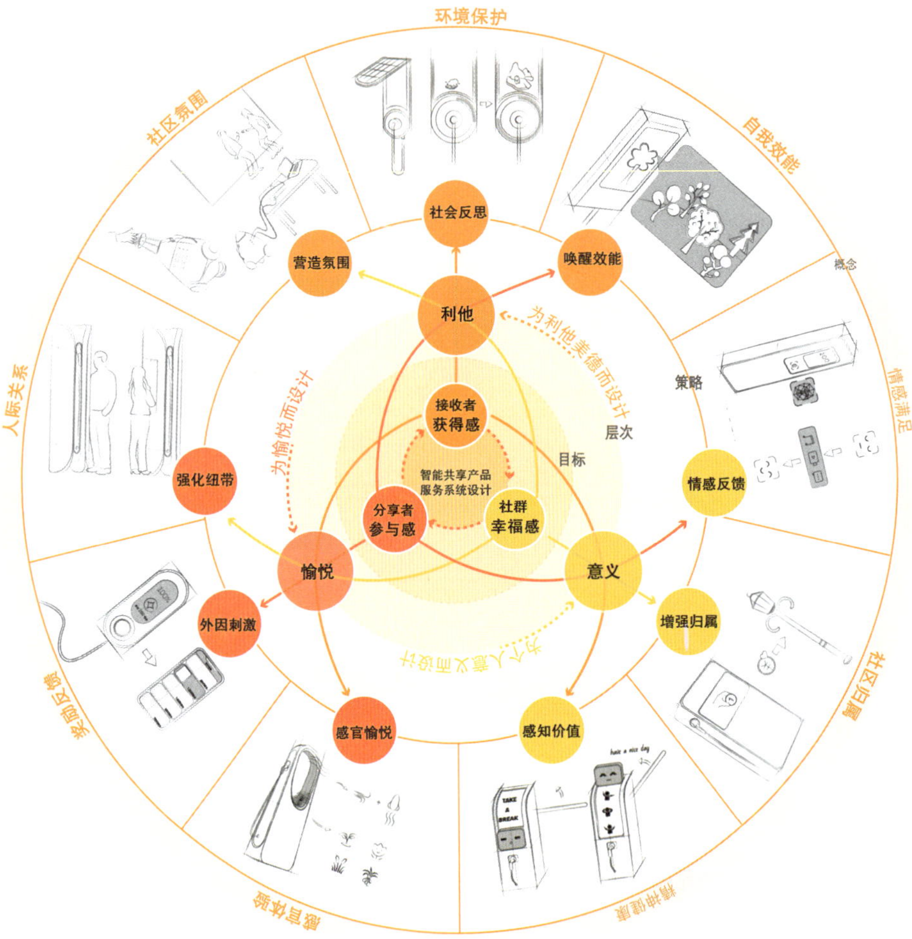

图 5-25　策略框架的概念发散

**（3）提升社群幸福感的设计概念**

强化纽带：提出一款"拉近交流"的智能充电桩，通过为充电过程中的用户构建交流的空间，拉近用户之间距离。相遇是友好交流的开端，通过创造相遇契机加强个体间纽带。

增强归属：提出一款可以促使用户做出"社会性公益"的智能充电桩，用户使用完充电桩付费时，可以选择集零为整（如应付 49.34 元，实付 50 元）爱心捐献用于社区建设，通过自我贡献建设社区的方式提升社区归属感。

营造氛围：提出一款"可移动式"智能充电桩，它不仅可以为车充电，也可以作为社区集体活动的电源，加强社区凝聚力，助力社群整体和谐繁荣。通过提供更多社群活动机会的方式，营造和谐繁荣氛围。

## 5.3.3　结果分析

结合德尔菲法，利用设计算法进行设计方案筛选和深化。以设计概念集中的产品概念为评价对象，

5 位目标用户作为被试者进行策略感知有用度调研，邀请被试者对每一项准则进行 1 ~ 7 分打分，并根据 5.3.1.3 中的公式进行指标间比分矩阵构建；最后构建准则层判断矩阵如表 5-9 所示。

表 5-9 指标判断矩阵构建

| 指标判断矩阵 | $C_K$（外因刺激） | $C_P$（情感反馈） | $C_H$（唤醒效能） | $C_N$（感官愉悦） | $C_R$（感知价值） | $C_E$（社会反思） | $C_J$（强化纽带） | $C_L$（增强归属） | $C_M$（营造氛围） |
|---|---|---|---|---|---|---|---|---|---|
| $C_K$（外因刺激） | 1.000 | 7.000 | 1.000 | 1.750 | 1.400 | 1.167 | 1.167 | 1.167 | 1.400 |
| $C_P$（情感反馈） | 0.143 | 1.000 | 0.143 | 0.250 | 0.200 | 0.167 | 0.167 | 0.167 | 0.200 |
| $C_H$（唤醒效能） | 1.000 | 7.000 | 1.000 | 1.750 | 1.400 | 1.167 | 1.167 | 1.167 | 1.400 |
| $C_N$（感官愉悦） | 0.571 | 4.000 | 0.571 | 1.000 | 0.800 | 0.667 | 0.667 | 0.667 | 0.800 |
| $C_R$（感知价值） | 0.714 | 5.000 | 0.714 | 1.250 | 1.000 | 0.833 | 0.833 | 0.833 | 1.000 |
| $C_E$（社会反思） | 0.857 | 6.000 | 0.857 | 1.500 | 1.200 | 1.000 | 1.000 | 1.000 | 1.200 |
| $C_J$（强化纽带） | 0.857 | 6.000 | 0.857 | 1.500 | 1.200 | 1.000 | 1.000 | 1.000 | 1.200 |
| $C_L$（增强归属） | 0.857 | 6.000 | 0.857 | 1.500 | 1.200 | 1.000 | 1.000 | 1.000 | 1.000 |
| $C_M$（营造氛围） | 0.714 | 5.000 | 0.714 | 1.250 | 1.000 | 0.833 | 0.833 | 1.000 | 1.000 |

从表 5-9 可知，针对 $C_K$（外因刺激）、$C_P$（情感反馈）、$C_H$（唤醒效能）、$C_N$（感官愉悦）、$C_R$（感知价值）、$C_E$（社会反思）、$C_J$（强化纽带）、$C_L$（增强归属）、$C_M$（营造氛围）构建 9 阶判断矩阵。以 $C_K$（外因刺激）为例，根据上述公式，将判断矩阵按列进行归一化处理，将 $C_K$（外因刺激）列记为：$det(C_K)$。

$$D_{\frac{C_K}{det(C_K)}} = \frac{1.000}{1.000+0.143+1.000+0.571+0.714+0.857+0.857+0.857+0.714}$$

$$D_{\frac{C_K}{det(C_K)}} = 0.148$$

然后，将归一化后的各列相加，相加后的向量除以 9 即得到权重 $\omega_i$，即：

$$\omega_{C_K} = \frac{1}{9}\left[\frac{C_K}{det(C_K)}+\frac{C_K}{det(C_P)}+\frac{C_K}{det(C_H)}+\cdots+\frac{C_K}{det(C_J)}+\frac{C_K}{det(C_L)}+\frac{C_K}{det(C_M)}\right]$$

$$\omega_{C_K} = \frac{1}{9}\left(\frac{1.000}{6.713}+\frac{7.000}{47.000}+\frac{1.000}{6.713}+\cdots+\frac{1.167}{7.834}+\frac{1.167}{7.834}+\frac{1.400}{9.400}\right)$$

$$\omega_{C_K} = 0.148\,95 = 14.895\%$$

依此计算出各策略权重层次，其分析结果如　　表5-10所示。

表5-10　策略权重层次分析结果

| 项 | 特征向量 | 权重值（%） | 最大特征值 | $I_C$ 值 |
|---|---|---|---|---|
| $C_K$（外因刺激） | 1.341 | 14.895 | | |
| $C_P$（情感反馈） | 0.192 | 2.128 | | |
| $C_H$（唤醒效能） | 1.341 | 14.895 | | |
| $C_N$（感官愉悦） | 0.766 | 8.511 | | |
| $C_R$（感知价值） | 0.958 | 10.639 | 9.003 | 0.000 3 |
| $C_E$（社会反思） | 1.149 | 12.767 | | |
| $C_J$（强化纽带） | 1.149 | 12.767 | | |
| $C_L$（增强归属） | 1.127 | 12.526 | | |
| $C_M$（营造氛围） | 0.978 | 10.871 | | |

结合特征向量可计算出最大特征根（9.003），进一步计算得到 $I_C$ 值（0.000 3），用于下述的一致性检验。一致性检验是为了确认专家提供的比较矩阵是否合理与可信。这有助于减少主观偏差，确保决策的一致性和稳定性，并提高最终决策的质量和可靠性。一致性检验结果如表5-11所示。

表5-11　数据一致性检验结果

| 最大特征根 | $I_C$ 值 | $I_R$ 值 | $R_C$ 值 | 一致性检验结果 |
|---|---|---|---|---|
| 9.003 | 0.000 3 | 1.460 | 0.000 2 | 通过 |

将表5-10中的指标权重代入设计策略，由此可推导出如下公式：

$$T_i = 14.895\% \times \sum_{n=1}^{n} C_K + 2.128\% \times \sum_{n=1}^{n} C_P + 14.895\% \times \sum_{n=1}^{n} C_H + 8.511\% \times \sum_{n=1}^{n} C_N + 10.639\% \times \sum_{n=1}^{n} C_R +$$

$$12.767\% \times \sum_{n=1}^{n} C_E + 12.767\% \times \sum_{n=1}^{n} C_J + 12.526\% \times \sum_{n=1}^{n} C_L + 10.871\% \times \sum_{n=1}^{n} C_M + \varphi_t$$

根据公式中不同权重策略倾向，$C_K$（外因刺激）权重占比14.895%、$C_H$（唤醒效能）权重占比14.895%，两项策略的指标权重值较高。这将对设计结果影响呈正相关，并在多次迭代优化后，生成最终设计概念。

依据公式上述，策略权重对设计概念影响下的设计结果如图5 26所示，经过专家评估及利益相关者讨论分析后，为了聚焦关键设计创意点，对于权重值低于11%的策略，在本设计中考虑将其省略。权重值高于11%的策略对决策结果具有显著影响性，作为主要关注和实施的对象。最终设计并应用于实践的策略包括以下几项：外因刺激（权重占比14.895%）、唤醒效能（权重占比14.895%）、社会反思（权重占比12.767%）、强化纽带（权重占比12.767%）和增强归属（权重占比12.526%）。

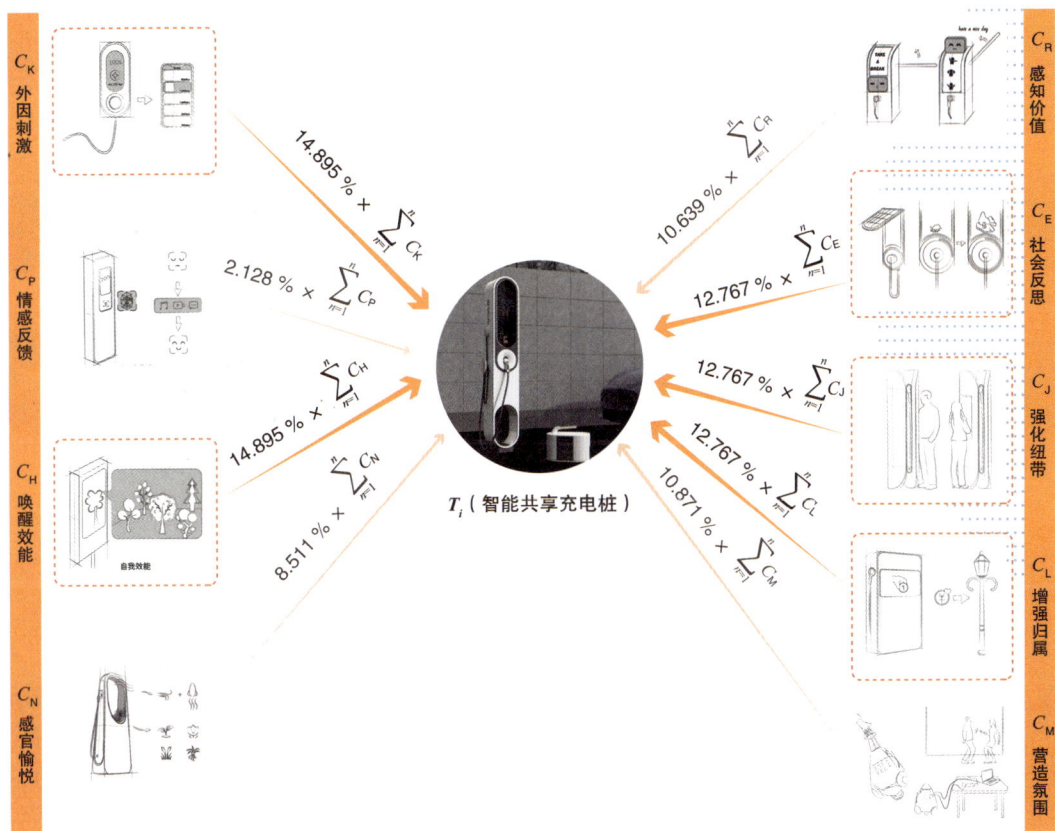

图 5-26　综合策略权重应用

基于以上策略框架进行概念生成，并运用了设计算法进行概念整合。最终，设计出一款名为"绿洲——游戏化交互的模块化充电桩"的产品（图5-27）。

"绿洲"不仅是一款给用户带来愉悦交互的新能源充电桩，也是一款丰富用户社交体验、强化社群联系的智能共享产品，其创新点主要如下。

①游戏化交互形式。基于"外因刺激"策略，每个智能充电桩象征着不同的树木，用户通过使用充电桩解锁树木获得数字化奖励反馈，从而激起用户兴趣，刺激用户使用。基于"唤醒效能"策略，

当充电桩的覆盖率足够高时，用户可以通过解锁元宇宙中不同的植株图鉴，生成个性化数字绿洲，提示用户使用充电桩的行为可以保护环境，强化用户的责任感，提升自我效能，刺激积极情感。以游戏化交互的形式带给用户差异化的使用体验，提升用户主观幸福感。

| 设计目标 | 设计层次 | 设计策略 | 设计概念 | 方案展示 |
|---|---|---|---|---|
| 激励参与感 | 愉悦 | 外因刺激 | 充电桩获取植物或数字森林的充电桩，通过数字反馈激起用户兴趣，刺激用户使用。 | A　外因刺激 |
| | 意义 | 情感反馈 | 当树木量达到一定程度时，会促进用户的长期满足感与成就感，鼓励用户持续使用激励用户使用。 | |
| | 利他 | 唤醒效能 | 屏幕上的树形轮廓会唤醒用户对新能源与生态环境的联系。 | |
| 增进获得感 | 愉悦 | 感官愉悦 | 通过植物强化使用者的感官愉悦度，吸引用户使用。 | B　唤醒效能　C　社会反思 |
| | 意义 | 感知价值 | 用户长期使用产品能够为用户带来回忆体验，也能持续沉淀成就，牵引着用户持续使用产品。 | |
| | 利他 | 社会反思 | 树木和绿洲都与自然生态相关，能够有效引发用户对生态的反思。 | |
| 提升幸福感 | 愉悦 | 强化纽带 | 促使用户为社群贡献的充电桩，共同构建元宇宙森林。 | D　强化纽带　E　增强归属 |
| | 意义 | 增强归属 | 为社群活动提供机会，用户更多的参与活动可以促进归属感的提升。 | |
| | 利他 | 营造氛围 | 移动式充电桩，它不仅可以为车充电，也可以作为社区集体活动的电源，加强社区凝聚力。 | |

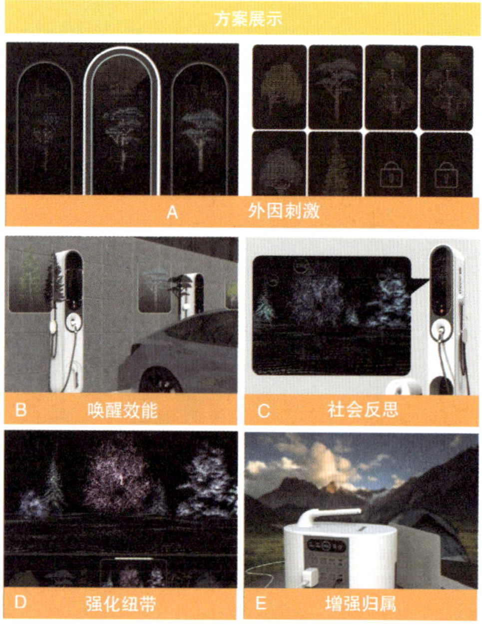

图 5-27　智能共享产品服务系统设计策略案例解析

②数字化反馈机制。基于"社会反思"策略，使用植株、绿洲等与生态相关的元素，引发用户对生态环境的反思，从而鼓励用户进行环境保护活动。基于"强化纽带"策略，在充电过程中，用户可以对元宇宙绿洲进行互访。拉近了数字化世界中用户彼此的距离，强化个体间的纽带。

③模块化移动电源。基于"增强归属"策略，用户可以选择租借移动电源模块，用作户外野营的生活电源或者紧急情况下车辆的应急电源，丰富了智能充电桩产品服务内容，为社群互动场景提供机会，有利于强化社群凝聚力，提升归属感与认同感。

这款产品被命名为"绿洲"，一方面指通过游戏化交互生成用户个性化的元宇宙绿洲，提升产品带给用户的未来感与趣味性；另一方面寓意清洁能源还世界一片绿洲，强调充电桩的生态友好性，助力新能源产业发展。该产品立足于用户对新能源充电桩的使用体验需要，通过"外因刺激""唤醒效能"等策略，解决了现阶段充电产品交互单一的问题，以游戏化互动提升产品趣味性，增强用户愉悦情绪，并丰富用户社交体验。通过"社会反思"策略，帮助用户在使用产品过程中产生对环境可持续反思。通过"增强归属""强化纽带"等策略，实现元宇宙森林和移动模块应用，强化群体联系，实现社群幸福。

基于以上策略框架产生的设计创新点，该作品荣获了 2023 年度意大利 A'设计奖、韩国 K 设计奖、美国 MUSE 设计金奖、美国 SPARK 设计铜奖、欧洲产品设计 TOP 奖等一系列国际设计奖项（图 5-28）。

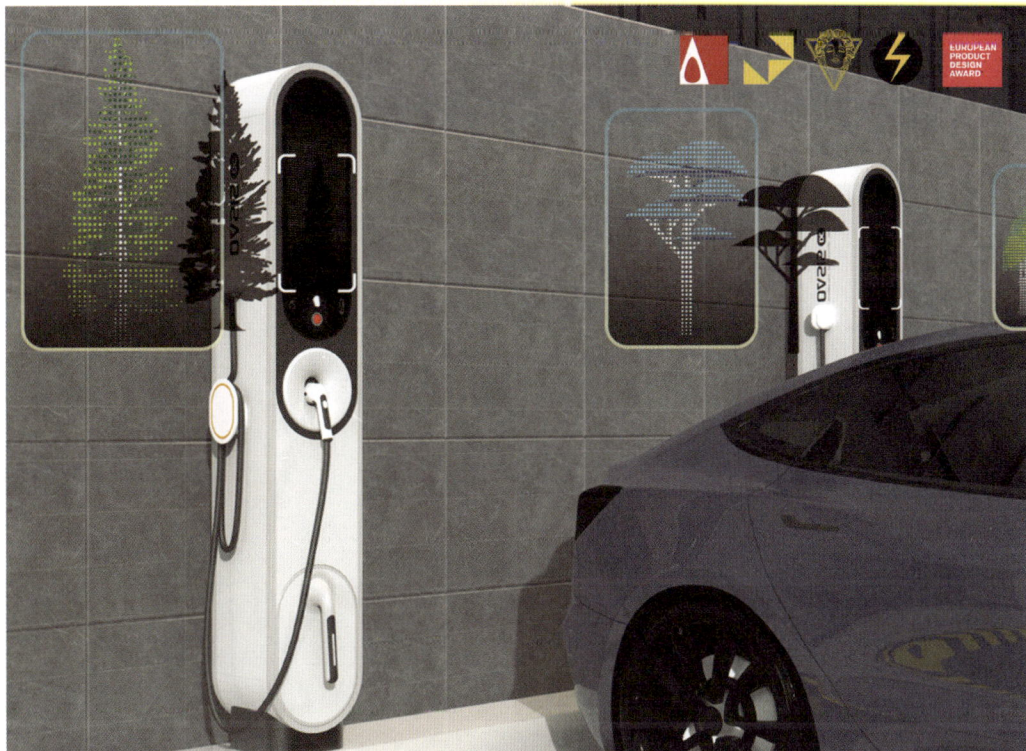

图 5-28　绿洲——游戏化交互的模块化智能充电桩

本节从积极体验设计视角出发，针对智能共享设计进行分析研究，提出了提升用户主观幸福感的智能共享产品服务系统设计策略框架与设计算法，帮助设计师精准地进行提升用户积极体验的智能共享产品服务系统设计实践，产出概念设计故事，更有效地从事智能共享互助产品服务系统设计实践。

同时将共享互助策略融入到新能源智能充电桩产品中，设计出一款游戏化交互的智能共享充电桩，旨在拓宽充电桩产品的发展方向，提升用户使用过程中的趣味性与满意度，有利于新能源汽车与智能充电设施的推广与发展。

这是一款具有移动电源模块化和人性化交互方式的新能源汽车充电桩。充电桩内含三度电模块，满足野外露营等远距离场景需求。游戏化交互如下：①每个充电桩象征不同的树木，植物在使用过程中随着电量的充满而生成；②通过使用不同的充电桩解锁用户的树木图鉴，生成个性化虚拟花园，丰富元宇宙数字新世界。

236g

134g

134g

72g

72g

72g

# 5.4 影响驱动智能健康产品服务系统设计

智能健康产品服务系统是一种结合了硬件设备、软件应用以及云计算的综合解决方案，通过收集、分析和处理用户的健康数据，为用户提供个性化的健康管理建议和服务。这些系统通常包括智能穿戴设备（如智能手表、健身追踪器）、健康管理应用程序，以及智能家居系统等。

智能个人助理（Intelligent Personal Assistant, IPA）在智能健康系统中扮演着关键角色。它不仅是用户与系统交互的界面，更是影响用户行为的核心工具。通过自然语言处理、机器学习和数据分析技术，智能个人助理能理解用户需求，提供实时建议，并帮助用户养成健康的生活习惯。随着智能技术的不断发展，智能个人助理将变得更加智能化和人性化，能更好地理解和预测用户需求，从而在健康管理中发挥更大的作用。此外，跨学科的合作将推动智能健康系统的创新，为用户提供更加全面和有效的健康管理服务。

以影响为中心的设计是一种将设计重点放在用户行为改变和健康结果提升上的方法。不同于传统的功能导向设计，这种设计理念强调通过智能个人助理的干预，影响用户的决策、行为和生活习惯，从而改善健康状况。

## 5.4.1 模型构建

### 5.4.1.1 模型提出

早在 20 世纪 90 年代，美国心理学家尤里·布朗芬布伦纳（Urie Bronfenbrenner）便关注到个体与其生活环境之间存在着双向的、动态的交互作用。目前已有研究证明环境问题、社会和经济变化将影响个人的健康和福祉。为了实现可持续的幸福感，设计研究者开始关注用户与外部环境间的影响关系。例如，诺曼提出了以人类为中心的设计，关注人类社会与生态系统间的长期影响。超越以人为本的设计将人类和生物系统的相互依存关系作为主要研究对象，寻求积极体验和环境需求相协调的设计方法。而可持续设计则强调在产品、系统或服务设计过程中，需综合考虑社会、环境和经济影响，平衡人的需求与环境和道德问题。故福金加（Fokkinga）等认为设计师除了需要考虑用户的目标、感受、能力和实践外，还需要考虑对个人和社会福祉产生积极的影响，并将这种连贯的设计意图定义为"以影响为中心的设计"。

《牛津词典》将"影响"定义为某物使某人或某事产生巨大的改变。卡尔沃（Calvo）等为了说明技术特征与幸福因素的联系，将影响幸福的关键因素分为自我、社交和超然。在设计方法上克劳蒂埃（Cloutier）等认为幸福感和环境条件、社会联系存在一定关联，并提出了 STHF 可持续社区设计框架，以未来的幸福愿景为基础进行可持续设计。韦吉斯－佩斯（Weijs-Perrée）等发现短暂的体验取决于环境的客观特征和个人的主观特征，而短暂的体验最终通过长期的体验影响个人的幸福感（表 5-12）。

在以影响为中心的设计中，需要综合考虑用户、社会和环境等的相互影响关系，将积极的影响作为设计目标。其中，影响可进一步划分为两个层面：短期影响——通过短暂的体验改变用户自身的行为、态度、情感等；长期影响——通过可持续体验对用户或利益相关者产生长期影响，其产生的综合效应逐渐使用户的生活质量和社会福祉发生质变。塑造长期的积极影响能给用户提供更可持续的幸福感，在设计中应以长期影响为主要设计目标。

生命平衡轮是用于实时自我评估和调整生活领域的可视化工具，它关注人生中各项重要因素在不同时期的运动和变化，帮助使用者维持职业和生活之间的平衡。平衡轮可以用于清晰未来方向和目标，在以影响为中心的设计中结合平衡轮工具，将不同的影响维度作为设计中的重要因素，可呈现各影响目标的比重和变化关系。

表 5-12    设计的"影响"相关文献

| 提出者（时间） | 相关观点 |
| --- | --- |
| 诺曼<br>（Norman, 2023） | 以人类为中心的设计：在设计过程中，应从长远和系统的视角看待人类与社会和生态系统间的长期影响 |
| 波伊科莱宁、罗森，诺马克，威伯格<br>（Poikolainen Rosén, Normark & Wiberg, 2022） | 超越以人为本的设计：人类体验和生物体系统性存在相互影响关系，从生态学的角度实现可持续性 |
| 博思威克，托米奇，高文<br>（Borthwick, Tomitsch & Gaughwin, 2022） | 可持续设计：在产品、系统或服务的设计过程中需要综合考虑社会、环境和经济影响 |
| 福金加，德斯梅特，赫克特<br>（Fokking, Desmet & Hekkert, 2020） | 建立了以影响为中心的设计框架，包括由人和产品的交互产生的直接或间接的心理、社会和行为影响 |
| 卡尔沃，彼得斯<br>（Calvo & Peters, 2018） | 将技术中影响幸福的关键因素分为个人体验、社交关系和利他主义三类 |
| 克劳蒂埃，菲佛<br>（Cloutier & Pfeiffer, 2017） | 环境条件和社会联系影响个人的幸福感受，提出了以未来愿景为基础开展系统设计的方法 |
| 韦吉斯－佩斯，等<br>（Weijs-Perrée et al., 2019） | 证明短暂的体验受环境的客观特征和个人的主观特征影响，最终又会通过长期的影响作用于个人的幸福感 |

辛向阳将体验设计对象分为期许、事件和影响三个部分，三者相互影响不可分割——从期许出发引导出事件，参与者影响事件的发展。平衡轮的目的是保持动态的平衡，需要从长远的角度对平衡关

系进行评估，当平衡轮中的某些因素发生大幅变化时需要设计师做出适当的调整。故在上述平衡轮模型中，分别设置"现状值""理想值"和"影响值"折线（图 5-29），"现状值"呈现了用户目前的生活状态；"理想值"代表了用户对理想生活的期许；

两者之差则体现出设计需要介入的程度。在设计迭代过程中，可在模型中多次绘制"影响值"折线，观测各维度变化状态和影响关系，参考影响关系调整设计。

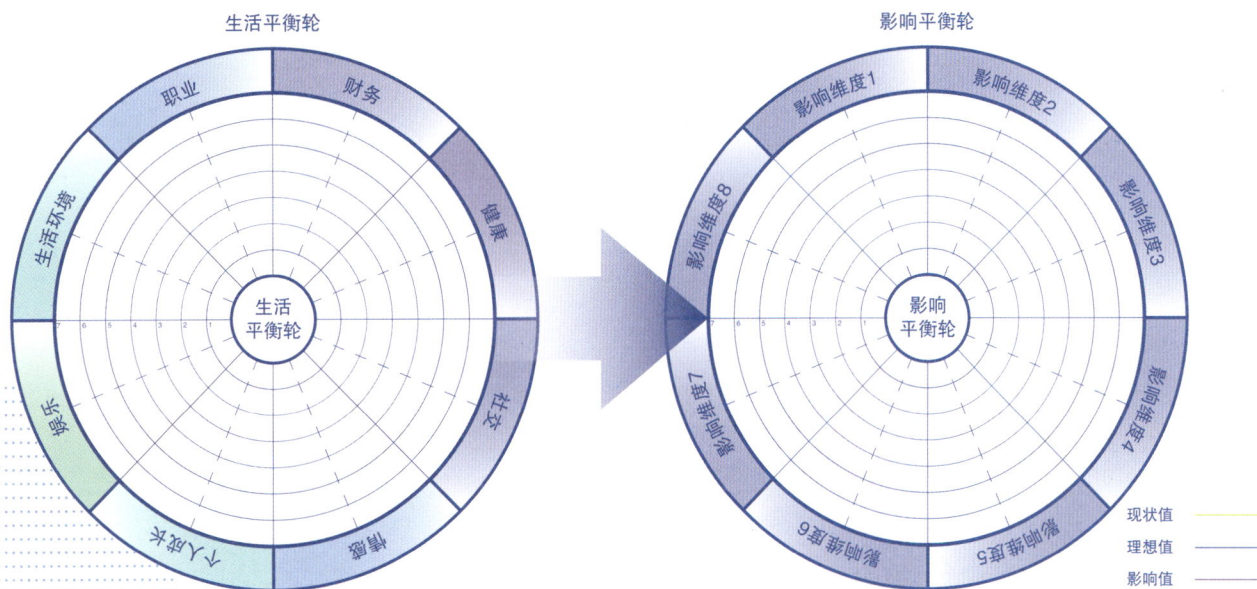

图 5-29　影响的平衡轮模型

### 5.4.1.2　模型要素

　　在积极体验设计研究领域中，德斯梅特提出了积极体验设计框架，其中包括愉悦设计、意义设计和美德设计三个部分。愉悦设计关注当下的愉悦感受；意义设计以实现长远目标为主；美德设计则是支持利他的具有道德意义的体验。社会生态学相关研究认为人类的发展涉及人与环境的相互作用，并将环境领域进一步区分为物理环境和社会环境。基

于上述两个领域的研究，从社会生态学系统层次（个人、社会、环境）和体验层次（感官体验、意义体验）对影响目标进行解构和重构，可将影响目标分为六个维度：愉悦指数、健康行为、社群联系、社会贡献、居住环境、环保贡献，六个维度间存在相互影响的动态关系（表 5-13）。将六个影响维度代入平衡轮模型，由此生成以影响为中心的可持续积极体验设计模型（图 5-30）。

表 5-13　以影响为中心的可持续积极体验设计模型要素

| 影响维度 | 解释 | 影响关系 |
|---|---|---|
| 愉悦指数 | 对自我感到快乐和满足的状态的评价 |  |
| 健康行为 | 为维持身体和心理健康而从事的各项活动 | |
| 社群联系 | 某一群体中成员间的交流互动 | |
| 社会贡献 | 社会层面的利他性活动 | |
| 居住环境 | 人们日常活动的场所和场所中的其他事物 | |
| 环保贡献 | 有利于社会和环境可持续的利他性行为 | |

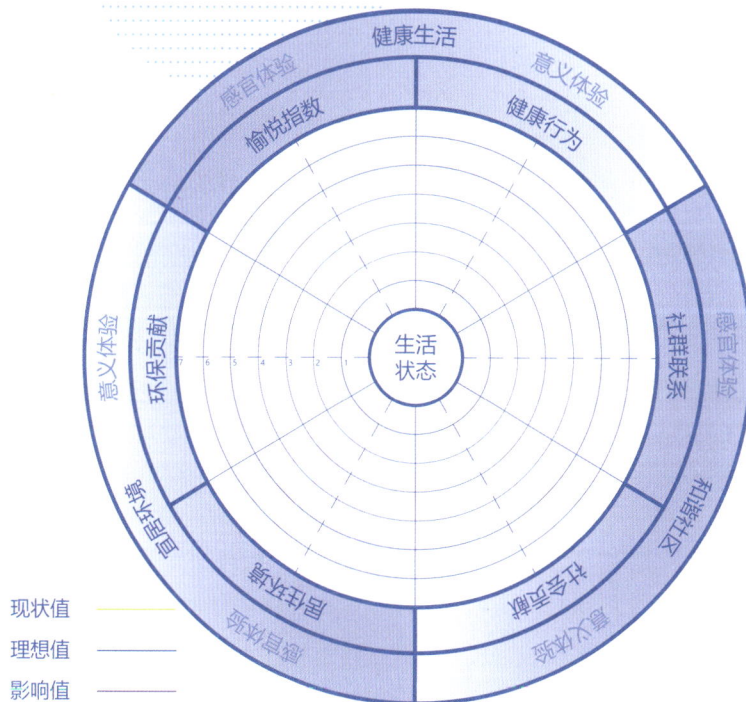

图 5-30　以影响为中心的可持续积极体验设计模型

（1）愉悦指数

愉悦是一种感到快乐和满足的状态，不仅包括满足用户的感官刺激，还包括通过满足实际需求和实现深层次的目标追求带给用户的幸福感。乔丹（Jordan）将愉悦分为四类：源于感官刺激的身体愉悦；源于社会关系和互动的社会愉悦；源于认知反应，与产品使用的心理需求有关的心理愉悦；源于价值观追求并乐在其中的思想愉悦。布莱斯（Blythe）等定义了感官刺激和自我实现两种愉悦，并发现满足需求的过程能为用户提供持续的愉悦。帕克（Park）等则通过研究发现享乐愉悦可以在体验中获得的即时快乐和满足感，而自我表达和自我实现可以赋予个人更大的意义和满足感。故愉悦指数可通过当下的快乐体验和实现意义追求获得，即愉悦度受感官层面上的直接影响和目标满足的间接影响。

### （2）健康行为

健康行为是人们为维持身体和心理健康而从事的各项活动。目前行为改变技术的研究范畴涵盖了对个人生理和心理层面的直接干预，以及社会和环境条件的间接干预，即设计师需要采取手段改变用户当下的身心状态或创造一定的外部环境支持。乔治（George）等将行为科学领域的干预分为面向特定人群的针对性措施和社会、环境、政策层面的干预措施。米歇尔（Michie）等提出的行为改变轮模型认为设计师可以从能力、机会及动机方面进行综合干预，促进个体的行为改变。尼尔森（Nielsen）等扩展了该模型并提出改变用户行为的六种设计方向：认知、能力、动机、时机、社交和物理环境。

### （3）社群联系

社群是存在一定社会关系或其他关联性的个体组成的群体，社群个体需要在社群中承担相应的角色，并通过参与互动交流维持社群联系，维持一定的社群联系可以给用户提供积极的身心感受。隆加（Longa）等研究发现人际情感接触影响可以促进个体之间的共存感和社会联系，克服感官层面的孤独感。西布鲁克（Scabrook）等则确定了社交媒体上积极的互动，社会支持和社会联系的感觉是心理健康和生活满意度的影响因素。社群联系的程度需要从参与各项社群活动或保持交流互动中提升，可以作为个人身心健康的预测指标和促使用户积极参与活动的动机。

### （4）社会贡献

社会贡献是人们为提升他人福祉或推动社会进步而参与的利他性活动，从事社会贡献活动不仅带来短暂的享乐愉悦体验，更多的是一种对自我认同和价值意义实现的满足。研究发现参与志愿活动能提高志愿者生活满意度并改善心理健康，而其参与动机则受社会环境和身体状态影响。凯蒂（Cady）等将参与社会服务的动机可分为三种：自我效能感，集体效能感、感知到的支持。故设计师可以通过改变用户内在动机或外部环境提高用户参与社会贡献的意愿，如社区花园模式以共建共享的方式鼓励用户积极参与社区建设，为社区的可持续发展作贡献。

### （5）居住环境

用户居住的生活环境是用户日常活动中接触的场所和场所中的其他事物，不仅直接影响用户的身体健康，同时也会间接改变其行为和心理感受，最终影响个人的长期幸福感。社会生态学研究已将不同的环境特征确定为压力发生器，通过改善环境可以对用户的心理健康和个人表现产生影响。沙巴林（Shabalin）认为在设计和调整生活环境时，应考虑用户的身体健康、需求和心理因素。维恩（Veen）等证明促进居民身体健康、社会凝聚力和心理幸福感是城市绿化开发的重要评估指标。环境为人类提供了舒适性、社会凝聚力、邻里满意度等积极价值，这些价值将影响人们整体生活满意度和幸福感的构建。因此居住环境的质量可以作为个人和社区福祉的评价指标之一。

### （6）环保贡献

环保是一种基于利他主义的、有利于社会和环境可持续的行为。研究发现人们对环境的关注具有双重意义：一方面，消费者真正关心环境的恶化；另一方面，消费者希望"被视为对环境负责"，从而为自己创造更好的形象。宋秀英等则将这种不纯粹的利他主义确定为利他主义和利己主义的二元性结果。陈凯等证明了对环保的自我认同有利于创造自我规范，并且这种认同受社会声誉和同伴行为的影响。个人的环保行为是一种具有意义和美德价值的活动，受到个人的主观规范和社会间接规范的影响。虽然利他主义存在不同的出发点，但结果都是为环境的可持续发展而贡献。

### 5.4.1.3 设计算法
### （1）概念生成算法

基于上述设计模型，设计师综合"现状值""理想值"和积极故事分析出用户的价值观和愿景，作为前期设计方向的参考。最终输出的概念为一种六个影响维度相关设计属性和其他设计属性的组合解，且每个影响维度相关的属性数量不限。因此，以影响为中心的可持续积极体验设计的概念生成公式如下所示：

$$U_i = \sum_{n=1}^{n} FP + \sum_{n=1}^{n} FH + \sum_{n=1}^{n} FS + \sum_{n=1}^{n} FC +$$
$$\sum_{n=1}^{n} FE + \sum_{n=1}^{n} FG + V_t$$

式中：$U_i$ 表示为设计概念，$FP$ 代表愉悦指数相关设计属性，$FH$ 代表健康行为相关设计属性，$FS$ 代表社群联系相关设计属性，$FC$ 代表社会贡献相关设计属性，$FE$ 代表居住环境相关设计属性，$FG$ 代表环保贡献相关设计属性，$V_t$ 代表其他设计属性。

### （2）概念评估算法

由上述模型和概念生成公式可知，对于设计概念的评估，每类设计属性均根据用户价值观存在一定的权重。因此，基于目标用户的价值观，可构建目标层和准则层（六个维度）的二级评价体系，从用户的角度提供六个评价指标的权重值。根据 AHP 层次分析法，首先，将总目标层记为集合 $A$，即 $A$ 代表用户的理想生活状态。准则层记为 $C=$（$C1$，$C2$，$C3$，$C4$，$C5$，$C6$），$C$ 代表了用户理想生活状态的评价准则，其中 $C1$ 为愉悦指数；$C2$ 为健康行为；$C3$ 为社群联系；$C4$ 为社会贡献；$C5$ 为居住环境；$C6$ 为环保贡献。邀请目标用户对每一项准则从 1~7 进行打分，并在图中标记为"影响值"折线，由此构建相应指标判断矩阵：

$$A = \begin{bmatrix} a_{11}, & a_{12}, & a_{13}, & a_{14}, & a_{15}, & a_{16} \\ a_{21}, & a_{22}, & a_{23} & a_{24} & a_{25} & a_{26} \\ a_{31}, & a_{32}, & a_{33} & a_{34} & a_{35} & a_{36} \\ a_{41}, & a_{42}, & a_{43} & a_{44} & a_{45} & a_{46} \\ a_{51}, & a_{52}, & a_{53} & a_{54} & a_{55} & a_{56} \\ a_{61} & a_{62}, & a_{63} & a_{64} & a_{65} & a_{66} \end{bmatrix}$$

式中：$a_{ij}$ 代表用户对准则 $i$ 的评分（$a_i$）与对准则 $j$ 的评分（$a_j$）之比，即：

$$a_{ij} = \frac{a_i}{a_j}$$

其次，为求解各指标的权重，运用方根法进行层次单排序，先计算判断矩阵每一行元素的乘积的 6 次方根，得到一个 6 维向量 $\bar{\omega}_i$：

$$\bar{\omega}_i = \sqrt[6]{\prod_{j=1}^{6} a_{ij}}$$

再次，将向量进行归一化处理，即得到权重 $\omega_i$：

$$\omega_i = \frac{\bar{\omega}_i}{\sum_{j=1}^{6} \bar{\omega}_j}$$

最后，将每个指标的权重代入设计属性，得出概念评估公式：

$$F_i = \omega_1 \sum_{n=1}^{n} FP + \omega_2 \sum_{n=1}^{n} FH + \omega_3 \sum_{n=1}^{n} FS + $$
$$\omega_4 \sum_{n=1}^{n} FC + \omega_5 \sum_{n=1}^{n} FE + \omega_6 \sum_{n=1}^{n} FG + V_t$$

实际的设计中，包含了多次方案迭代的过程，可重复使用上述公式进行评估和再设计，最终使每一项指标的评分保持相对均等和稳定。

## 5.4.2　设计实践

### 5.4.2.1　实践背景

为了验证该模型的可行性，以工作坊的形式开展为期 8 周的设计实践，招募 52 名产品设计专业学生，分为 13 个小组。首先，介绍本书提出的设计模型，并提供模型和可持续积极体验设计过程的整合框架供参与者记录过程（图 5-31）。参与者以"智能居家可持续健康养老"为主题，运用该工具产生概念并进行设计评估。本设计工作坊共包括四个阶段：积极故事界定、设计概念表达、方案体验评估、设计结果可视化。

第一阶段：首先，13 个小组围绕该主题进行讨论，通过深度访谈一名典型用户获得其核心价值观，由此确定智能居家可持续养老相关概念选题。其次，依据设计模型，各小组邀请其访谈对象，分别对个人的当下生活状态和理想生活状态进行六个维度的打分，在模型上分别生成"现状值"和"理想值"折线。最后，基于上述调研和分析，生成用户画像和积极故事。

第二阶段：每个小组依据积极故事和模型图进行设计分析，在六个设计维度中选择影响程度（理想值）较大的维度作为基础方向展开概念构想，每个小组中的每位参与者围绕本组选题和相关影响维度生成一个概念。

第三阶段：小组之间进行概念互评。首先，两个小组的成员分别被赋予"设计师"和"评委"的身份，"设计师"组成员依次向"评委"组的成员描述设计概念，"评委"组的每位成员则基于六个维度对每个设计概念由 1~7 进行打分，随后两组互换身份重复上述描述概念和打分的环节。然后，通过均值计算，得到每个概念在六个维度的得分，比对得出每个维度上的最优概念。最后，对每个维度的最优概念进行解构，并整合优化为最终概念。

第四阶段：参与者在工作坊老师指导下，细化整合最终的设计概念，并通过三维软件建模和产品模型制作的方式可视化设计方案（图 5-32）。

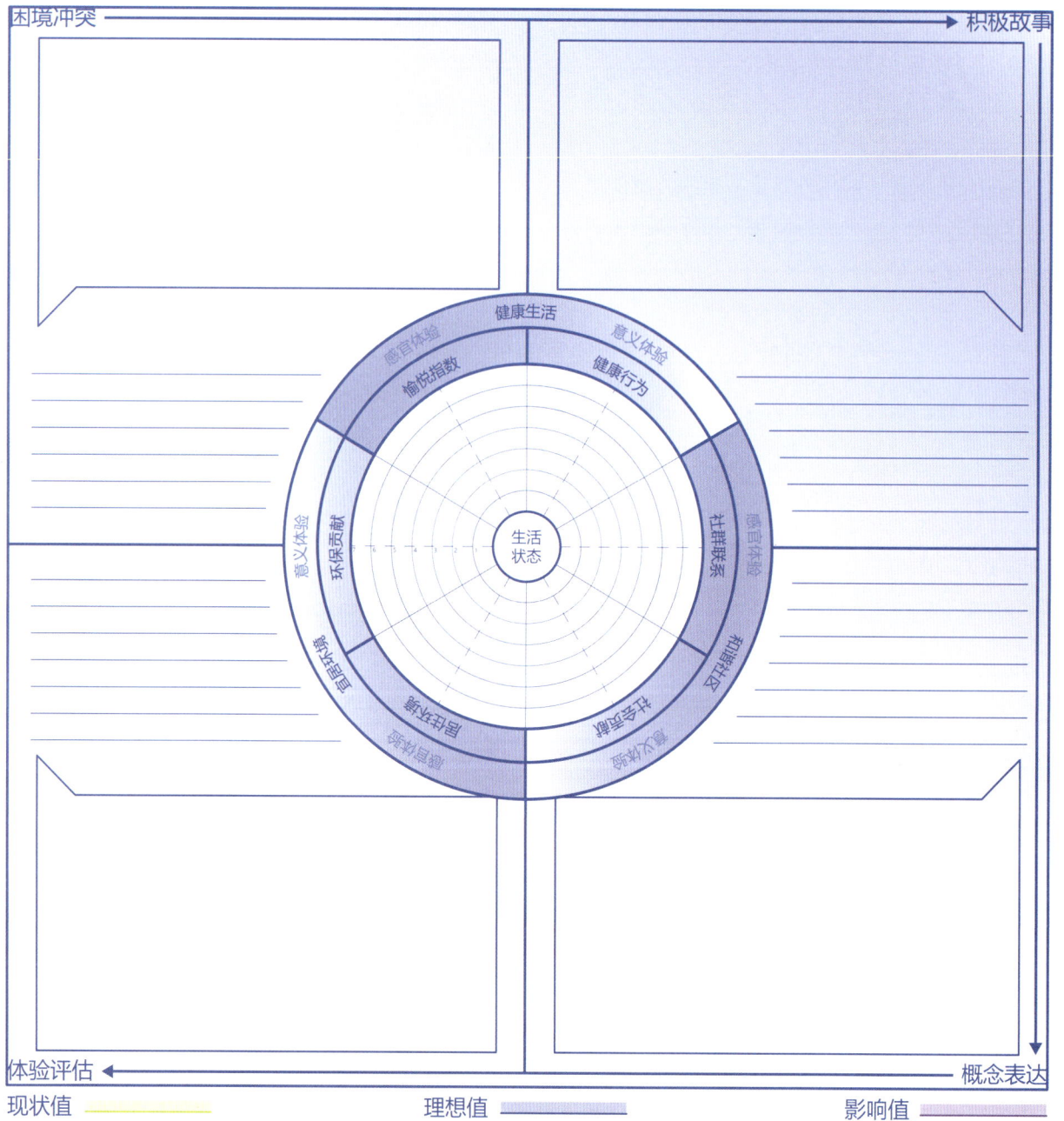

图 5-31　以影响为中心的可持续积极体验设计模型整合框架

现状值 ────　　　理想值 ────　　　影响值 ────

## 5.4.2.2　设计结果

在本次工作坊中，各小组围绕智能居家可持续养老设计主题，基于目标用户期望最显著的影响目标开展设计实践，并在过程中综合考虑其他影响维度修改完善设计方案，最终生成 13 组以影响为中心的设计方案。以"元宇宙家族树"设计方案为例，阐述以影响为中心的可持续积极体验设计模型指导参与者完成产品设计的过程（图 5-33）。

第一阶段：困境冲突和积极故事界定。小组参与者对目标用户"重视传统的王奶奶"进行访谈调研，记录用户的日常活动和常用物件，提取用户的重要信息和价值观，最后在模型中绘制出用户当前生活状态在六个影响维度的"现状值"折线和用户理想生活状态在六个影响维度的"理想值"折线。

第二阶段：概念生成。根据 5.4.1.3 中的设计算法，每位设计师参考积极故事和所绘制的模型生成一个概念，通过设计"愉悦指数""社群联系"等影响目标以提升王奶奶的生活幸福感，同时考虑方案对用户的行为和居住环境等方面的影响。

第三阶段：概念表达。经过概念互评后，小组将本组设计师的概念整合为"元宇宙家族树"方案，该方案将实体产品和线上元宇宙家族空间相结合，为年轻人和老人之间的联系互动提供新的方式，旨在增强老人的愉悦度和幸福感。

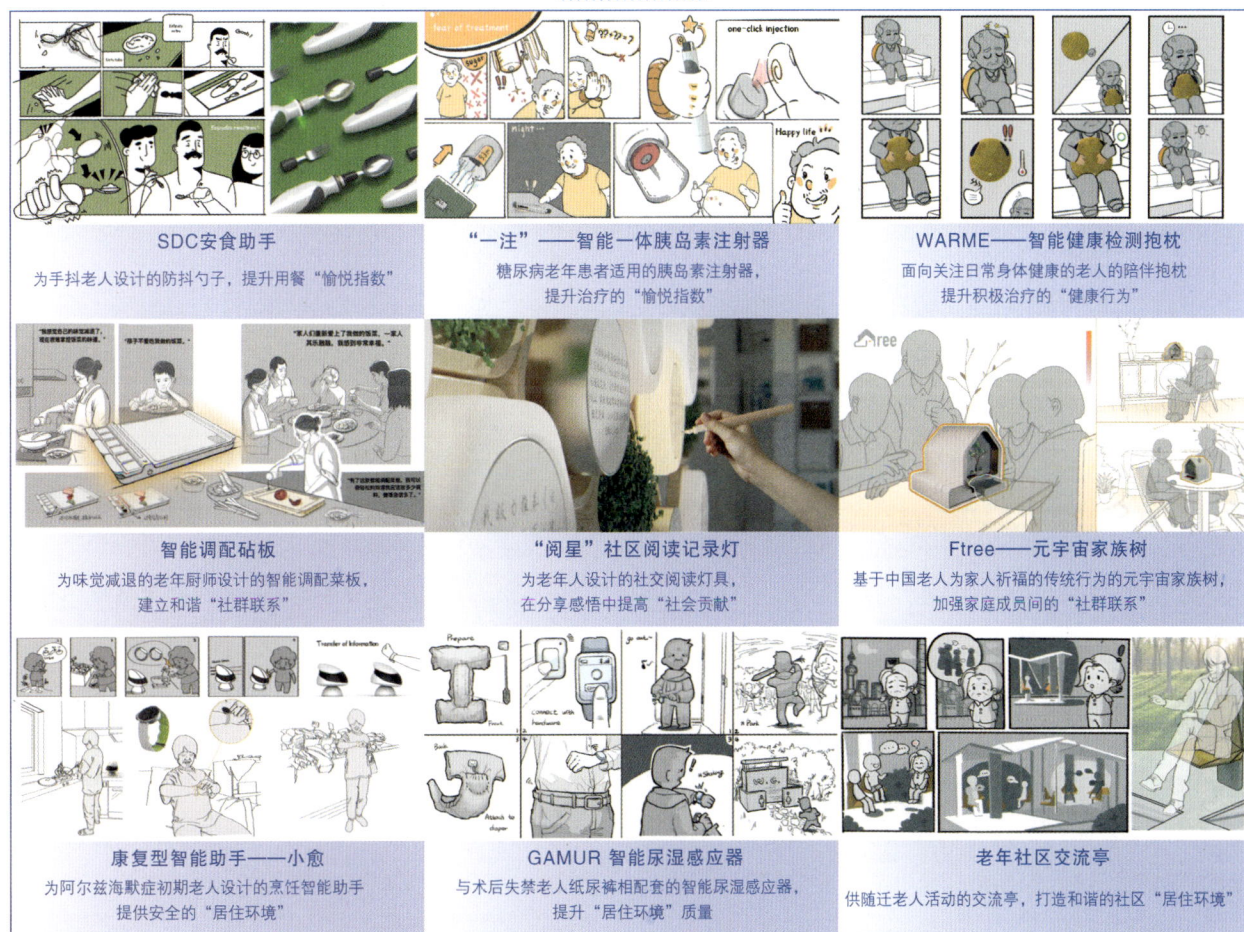

**SDC安食助手**
为手抖老人设计的防抖勺子，提升用餐"愉悦指数"

**"一注"——智能一体胰岛素注射器**
糖尿病老年患者适用的胰岛素注射器，提升治疗的"愉悦指数"

**WARME——智能健康检测抱枕**
面向关注日常身体健康的老人的陪伴抱枕
提升积极治疗的"健康行为"

**智能调配砧板**
为味觉减退的老年厨师设计的智能调配菜板，建立和谐"社群联系"

**"阅星"社区阅读记录灯**
为老年人设计的社交阅读灯具，在分享感悟中提高"社会贡献"

**Ftree——元宇宙家族树**
基于中国老人为家人祈福的传统行为的元宇宙家族树，加强家庭成员间的"社群联系"

**康复型智能助手——小愈**
为阿尔兹海默症初期老人设计的烹饪智能助手
提供安全的"居住环境"

**GAMUR 智能尿湿感应器**
与术后失禁老人纸尿裤相配套的智能尿湿感应器，提升"居住环境"质量

**老年社区交流亭**
供随迁老人活动的交流亭，打造和谐的社区"居住环境"

图 5-32　工作坊部分设计成果

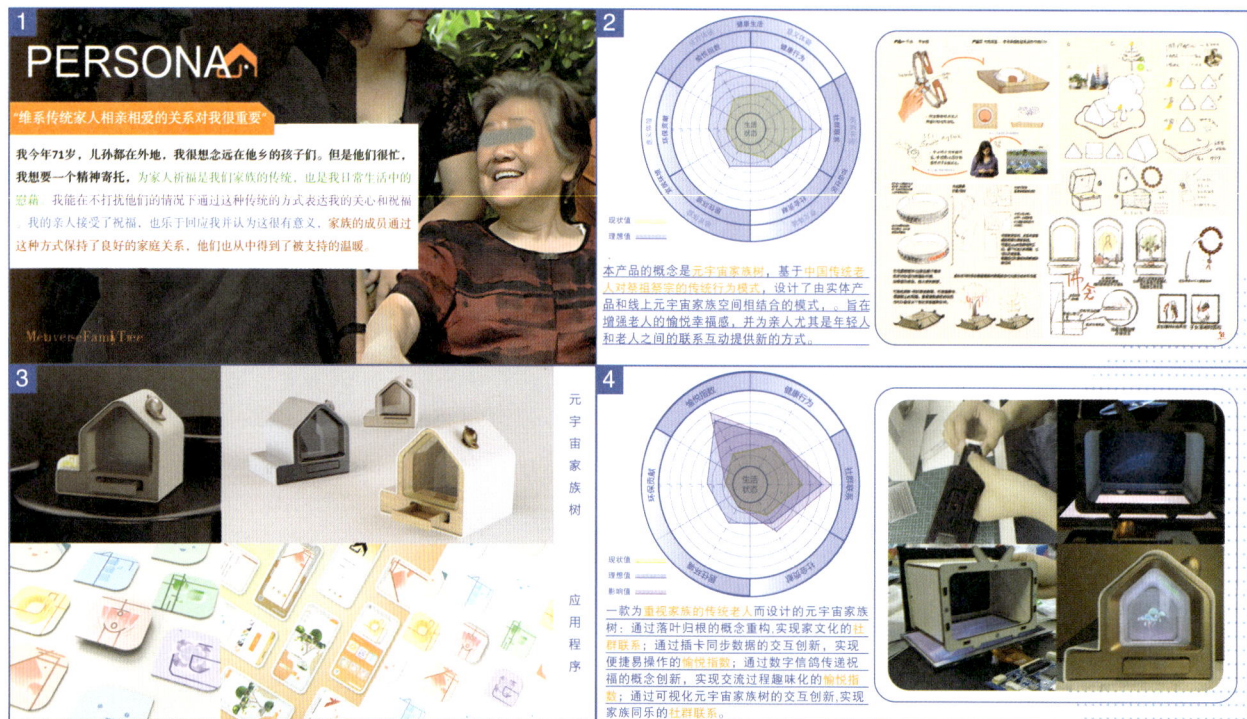

图 5-33　"元宇宙家族树"设计过程

第四阶段：体验评估。设计师使用以影响为中心的可持续积极体验设计模型设计出一款为重视家族的传统老人而设计的元宇宙家族树：通过落叶归根的概念重构和可视化元宇宙家族树的交互创新，为家族成员建立"社群联系"；通过插卡同步数据的交互创新和数字信鸽传递祝福的概念创新，提高用户在使用过程中"愉悦指数"。经过实物模型制作和设计评估，该设计达到理想影响目标，从愉悦指数和社群联系的影响关系出发，通过增强用户与家人的联系提升愉悦指数，愉悦指数升高的同时，用户保持社群联系的积极性增强。

参与者将阶段性成果填入以影响为中心的可持续积极体验设计模型整合框架中（图 5-34），可为后续再设计提供指导。

### 5.4.3　评估分析

由上述实践验证可知，参与者能在理解该模型的基础上，根据模型中不同的影响维度生成一系列差异化设计概念，并运用该模型完成相关设计实践。为了进一步验证该模型的可行性，采用问卷调研的方式，邀请参与者对模型进行评估。

技术接受模型是用于测量用户对某种技术接受程度的工具，模型提出者弗雷德·D. 戴维斯（Fred D. Davis）认为，感知有用性和感知易用性是决定技术接受度的两个主要因素。TAM 问卷的题项采用 7 级量表，选项从"-3"到"+3"依次代表从"非常不同意"到"非常同意"。参与者根据设计实践过程中的实际感受对模型进行评估，最终收到有效问卷共计 40 份，具体数据分析结果如下（表 5-14）。

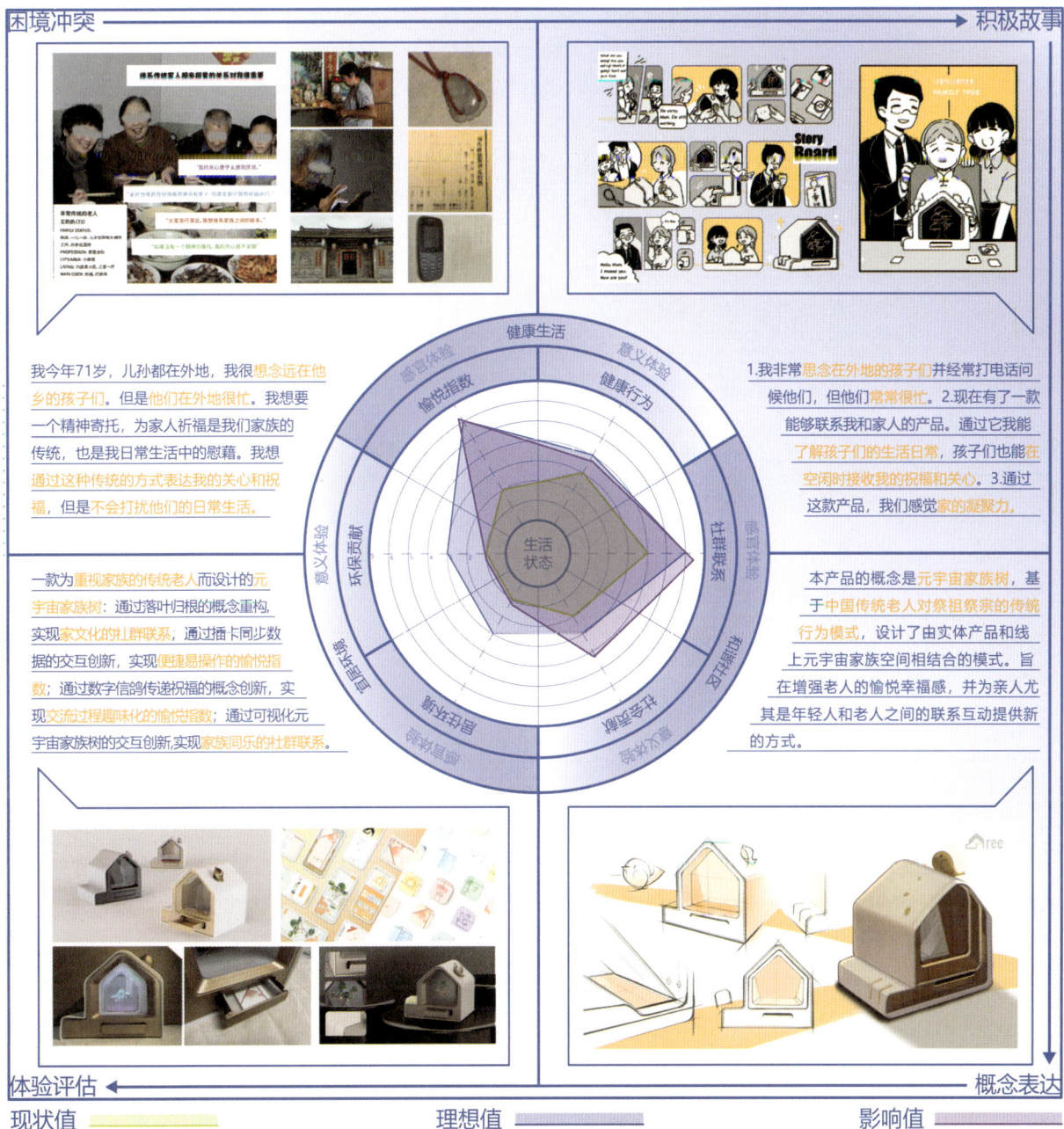

困境冲突

积极故事

我今年71岁，儿孙都在外地，我很想念远在他乡的孩子们。但是他们在外地很忙。我想要一个精神寄托，为家人祈福是我们家族的传统，也是我日常生活中的慰藉。我想通过这种传统的方式表达我的关心和祝福，但是不会打扰他们的日常生活。

1.我非常思念在外地的孩子们并经常打电话问候他们，但他们常常很忙。2.现在有了一款能够联系我和家人的产品。通过它我能了解孩子们的生活日常，孩子们也能在空闲时接收我的祝福和关心。3.通过这款产品，我们感觉家的凝聚力。

一款为重视家族的传统老人而设计的元宇宙家族树：通过落叶归根的概念重构，实现家文化的社群联系；通过插卡同步数据的交互创新，实现便捷易操作的愉悦指数；通过数字信鸽传递祝福的概念创新，实现交流过程趣味化的愉悦指数；通过可视化元宇宙家族树的交互创新，实现家族同乐的社群联系。

本产品的概念是元宇宙家族树，基于中国传统老人对祭祖祭家的传统行为模式，设计了由实体产品和线上元宇宙家族空间相结合的模式。旨在增强老人的愉悦幸福感，并为亲人尤其是年轻人和老人之间的联系互动提供新的方式。

体验评估

概念表达

现状值　　　　　　　　　理想值　　　　　　　　　影响值

图 5-34　"元宇宙家族树"设计框架

表 5-14   TAM 问卷评估分析

| 序号 | 问题选项 | 平均值（分） | 标准差 |
| --- | --- | --- | --- |
| | 感知有用性 | 1.792 | 1.160 |
| PU1 | 使用这个模型让我可以更快完成任务 | 1.900 | 1.105 |
| PU2 | 使用这个模型会改善我工作的绩效 | 1.700 | 1.203 |
| PU3 | 使用这个模型会增加我的产出 | 1.825 | 1.217 |
| PU4 | 使用这个模型会提高工作效率 | 1.875 | 1.114 |
| PU5 | 使用这个模型会让我的工作更轻松 | 1.650 | 1.231 |
| PU6 | 这个模型在我的工作中非常有用 | 1.800 | 1.091 |
| | 感知易用性 | 1.863 | 1.082 |
| PE1 | 学习使用这个模型对我来说很简单 | 1.850 | 1.051 |
| PE2 | 我发现让这个模型让我想做的事情很简单 | 1.775 | 0.947 |
| PE3 | 我与这个模型发生的交互是清晰和可理解的 | 2.100 | 1.128 |
| PE4 | 这个模型在交互中是灵活的 | 1.650 | 1.231 |
| PE5 | 熟练使用这个模型对我来说是简单的 | 1.825 | 1.035 |
| PE6 | 我发现这个模型很容易使用 | 1.975 | 1.097 |

注   其中，PU= 感知有用性，PE= 感知易用性。

根据评估结果，该设计模型在两个评估方面的均值：感知有用性（1.792 分）和感知易用性（1.863 分）接近 2，即参与者在两个评估方面上均表示"同意"，说明了该模型的有用性和可用性。其中，PE3（我与这个模型发生的交互是清晰和可理解的）得分达 2.100 分，说明该模型具有较好的可视化效果和较清晰的使用步骤。但该模型在两个评估方面的标准差——感知有用性（1.160）和感知易用性（1.082）均较大，说明参与者在模型的使用方法和模型要素的理解上存在着一定偏差。其中，PU5（使用这个模型会让我的工作更轻松）和 PE4（这个模型在交

互中是灵活的）标准差达 1.231。为探究具体原因，笔者向参与者征询了具体意见，经总结该模型具有以下局限之处：首先，设计工作者在应用模型进行设计前，需要对模型具备一定的理解基础；其次，"社会贡献"和"环保贡献"的表述与设计工作者的理解可能存在一定歧义；最后在部分设计主题下，设计维度较为固化，该模型的适用性略低。

本节构建了一个以影响为中心的可持续积极体验设计模型，指导设计师开展智能健康产品服务系统设计实践。在积极体验的视角下，该模型研究与其他积极体验相关文献都包括愉悦和意义维度的研

究，该模型创新之处在于：首先，将设计视角从产品和人的关系扩展至产品与人及环境的关系，从而加强了人与外界环境的联系，扩大了影响的作用范围，其次，意义驱动的设计强调通过设计产品与用户的意义连接增加用户幸福感，而以影响为中心的设计更关注幸福感的可持续性。因此，以影响为中心的设计不局限于个人与外界环境的单向影响，更关注个人与环境的双向影响机制以及影响的可持续动态关系。

# ree

这是一款为重视家族传统老人而设计的元宇宙家族树，基于中国老人为家人祈福的传统行为，设计了实体产品和线上元宇宙家族空间相结合的模式。实体产品外观基于家文化传统意象，以立体投影的方式，在老人端展现元宇宙家族树的状态，线上交流通过老人端祝福卡与子女端APP进行信息的趣味化传递。

# Metaverse Family Tree
# 元 宇 宙 家 族 树

# 参考文献

[1] 宝莱恩，乐维亚，里森．服务设计与创新实践 [M]．张盈盈，译．北京：清华大学出版社，2015.

[2] 高慧璇．应用多元统计分析 [M]．北京：北京大学出版社，2019.

[3] 胡飞，李伟哲．基于脑电技术的设计学研究进展：维度与方法 [J]．装饰，2018(2)：102-105.

[4] 杰夫·绍罗．用户体验度量：量化用户体验的统计学方法 [M]．2 版．顾盼，译．北京：机械工业出版社，2018.

[5] 李立新．设计艺术学研究方法 [M]．南京：江苏美术出版社，2010.

[6] 汤姆·图丽斯，比尔·艾博特．用户体验度量：收集、分析与呈现 [M]．周荣刚，译．北京：电子工业出版社，2024.

[7] 韦伟，吴春茂．用户体验地图、顾客旅程地图与服务蓝图比较研究 [J]．包装工程，2019，40(14)：217-223.

[8] 吴春茂．产品服务与积极体验设计 [M]．北京：中国纺织出版社，2022.

[9] 吴春茂，陈丹丹，杨菲娅．积极体验视角下的共享产品设计策略研究 [J]．包装工程，2025，46(4)：271-281.

[10] 吴春茂，黄沛瑶．产品创新设计实务：产品服务与积极体验设计方法案例十讲 [M]．上海：东华大学出版社，2022.

[11] 吴春茂，廖奕晖，袁姝．多感官视角下的时尚体验设计模型构建 [J]．包装工程，2023，44(14)：170-178.

[12] 吴春茂，王婉蓉．意义驱动的博物馆文创产品设计框架 [J]．包装工程，2023，44(16)：246-254.

[13] ALLMENDINGER G, LOMBREGLIA R. Four strategies for the age of smart services [J]. Harvard Business Review, 2005, 83(10): 131-134, 136, 138.

[14] BOZKURT A. Tell me your prompts and I will make them true: The alchemy of prompt engineering and generative AI [J]. Open Praxis, 2024, 16(2): 111-118.

[15] CARRERA-RIVERA A, LARRINAGA F, LASA G. Context-awareness for the design of smart-product service systems: literature review [J]. Computers in Industry, 2022, 142: 103730.

[16] CHIN H, MARASINI D P, LEE D. Digital transformation trends in service industries [J]. Service Business, 2023, 17(1): 11-36.

[17] CONG J C, CHEN C H, ZHENG P, et al. A holistic relook at engineering design methodologies for smart product-service systems development [J]. Journal of Cleaner Production, 2020, 272: 122737.

[18] EIGNER A, STARY C. The role of Internet-of-things for service transformation [J]. Sage Open, 2023, 13(1): 21582440231159281.

[19] KOHLBECK E, CAUCHICK-MIGUEL P A, DE SOUSA MENDES G H, et al. A longitudinal history-based review of the

product-service system: Past, present, and future [J]. Sustainability, 2023, 15(15): 11922.

[20] LIU A H, WANG Y, WANG X J, et al. Data-driven engineering design [M]. Cham: Springer International Publishing, 2022.

[21] PAKKALA D, SPOHRER J. Digital service: Technological agency in service systems [C]//Proceedings of the Annual Hawaii International Conference on System Sciences. Hawaii International Conference on System Sciences, 2019.

[22] PANDEY V, Komal, DINCER H. A review on TOPSIS method and its extensions for different applications with recent development [J]. Soft Computing, 2023, 27(23): 18011-18039.

[23] PARDO C, IVENS B S, PAGANI M. Are products striking back? The rise of smart products in business markets [J]. Industrial Marketing Management, 2020, 90: 205-220.

[24] PIROLA F, BOUCHER X, WIESNER S, et al. Digital technologies in product-service systems: A literature review and a research agenda [J]. Computers in Industry, 2020, 123: 103301.

[25] RAFF S, WENTZEL D, OBWEGESER N. Smart products: Conceptual review, synthesis, and research directions [J]. Journal of Product Innovation Management, 2020, 37(5): 379-404.

[26] RIJSDIJK S A, HULTINK E J. How today's consumers perceive tomorrow's smart products [J]. Journal of Product Innovation Management, 2009, 26(1): 24-42.

[27] ROWLEY J. An analysis of the e-service literature: Towards a research agenda [J]. Internet Research, 2006, 16(3): 339-359.

[28] VALENCIA A, MUGGE R, SCHOORMANS J, et al. The design of smart product-service systems (PSSs): An exploration of design characteristics [J]. International Journal of Design, 2015, 9(1): 13-27.

[29] WU C M, WANG X, LI P. An impact-centered, sustainable, positive experience design model [J]. Sustainability, 2023, 15(22): 15829.

[30] YIN H, ZHANG Z P, LIU Y Y. The exploration of integrating the midjourney artificial intelligence generated content tool into design systems to direct designers towards future-oriented innovation [J]. Systems, 2023, 11(12): 566.

[31] ZHANG Y B, LIU C L. Unlocking the potential of artificial intelligence in fashion design and e-commerce applications: The case of midjourney [J]. Journal of Theoretical and Applied Electronic Commerce Research, 2024, 19(1): 654-670.

[32] ZHENG P, CHEN C H, WANG Z X. Smart product-service systems [M]. Netherlands: Elsevier, 2021.

[33] ZHENG P, LIN T J, CHEN C H, et al. A systematic design approach for service innovation of smart product-service systems [J]. Journal of Cleaner Production, 2018, 201: 657-667.